Sonderabdruck aus dem
Jahrbuch der Schiffbautechnischen Gesellschaft 1930.
(Springer-Verlag Berlin Heidelberg GmbH)

Der Gegenstand ist vom Verfasser am 22. November 1929 auf der XXX. ordentlichen Hauptversammlung der Schiffbautechnischen Gesellschaft vorgetragen worden.

Lebenslauf.

Georg Weinblum, geb. am 22. Januar 1897 als Sohn des Fabrikbesitzers Karl Weinblum und seiner Ehefrau Elisabeth geb. Prinz zu Neukalzenau (Livland). Konfession: evang., Staatsangehörigkeit: bayrisch. Schulbesuch: das deutsche ritterschaftliche Landesgymnasium zu Birkenruh b. Wenden und die Kirchenschule der deutschen reformierten Gemeinde zu St. Petersburg. Reifeprüfung 1914. 1914—16 Studium des Schiffbaues an der Techn. Hochschule zu St. Petersburg. 1917—18 Tätigkeit im väterlichen Betriebe. Dezember 1918 bis Juli 1919 Kriegsdienst in der baltischen Landeswehr. 1920—23 Studium des Schiffbaues an der Danziger Technischen Hochschule. 1. Juni 1923 bis 1. Oktober 1929 Assistent für Schiffstheorie dortselbst. Seit dem 1. Oktober 1929 Versuchsingenieur an der Versuchsanstalt für Wasserbau und Schiffbau, Berlin. Mündliche Doktorprüfung: 30. September 1929.

ISBN 978-3-662-31473-9   ISBN 978-3-662-31680-1 (eBook)
DOI 10.1007/978-3-662-31680-1

Nachdruck ohne Genehmigung des Vorstandes der Schiffbautechnischen Gesellschaft nicht gestattet.

„Ἄριστον μὲν ὕδωρ"...
Pindar

Dem
Andenken meines Vaters
gewidmet

Die vorliegende Arbeit stellt sich als Aufgabe, die von Michell begründete Widerstandstheorie für scharfe keilförmige Körper auf wirkliche Schiffsformen zu übertragen. Aufbauend auf der Arbeit Michells und seiner Nachfolger Havelock und Wigley werden verschiedene wichtige Fragen des wellenbildenden Widerstandes besprochen und als allgemeinstes Ergebnis in erster Näherung die Reduktion der Frage nach der Schiffsoberfläche geringsten Widerstandes auf ein einfaches Variationsproblem gewonnen. Zur endgültigen Lösung des Problems ist ein weiterer Ausbau der Theorie, umfangreiche Versuchstätigkeit und numerische Arbeit erforderlich.

Bezeichnungen.

Außer den allgemein im Schiffbau üblichen: $L\,B\,T\,\alpha\,\beta\,\delta\,\varkappa$, die dimensionslosen Koordinaten

$$\xi = \frac{x}{L/2}, \qquad \eta = \frac{y}{B/2}, \qquad \zeta = \frac{z}{T},$$

wobei $y = \frac{B}{2}\eta = f(\xi, \zeta)$ die Gleichung der Schiffsoberfläche bezeichnet

$$m = \frac{\text{eine ganze positive Zahl} \cdot \pi}{L/2}; \qquad \lambda = \frac{m v^2}{g},$$

$$\gamma = \frac{\lambda \cdot L \cdot g}{2 v^2} = \frac{m \cdot L}{2},$$

β Spantvölligkeitsgrad; außerdem $\beta = \frac{\lambda^2 g T}{v^2}$,

$$M_i = \int_0^1 \xi^i \sin \gamma \, \xi \, d\xi,$$

$$M'_i = \int_0^1 \xi^i \cos \gamma \, \xi \, d\xi,$$

$\varphi(\zeta)$ Spantgleichungen; $f(\beta) = \int_0^1 \varphi(\zeta) e^{-\beta \zeta} d\zeta$,

$\varphi = \dfrac{v}{\sqrt{gL}}$ Froudesche Zahl,

$R = $ Widerstandsintegral,

c Parameter, der sowohl konstant als von ξ abhängig sein kann. In letzterem Falle gilt die Bezeichnung $c(\xi)$.

$$f_0(\lambda) = \frac{\lambda^2}{\sqrt{\lambda^2 - 1}},$$

$$\gamma' = \varrho \cdot g,$$

$\zeta_0 =$ Gleichung der Wellenoberfläche.

I. Michells Theorie.

Die Arbeiten Froudes haben die Berechnung des Schiffswiderstandes auf eine so feste Basis gestellt, daß sie für die ganze fernere Entwicklung maßgebend gewesen sind. Ihre Nachfolger haben sich vorzugsweise auf empirischem Gebiet bewegt, nur hin und wieder wurden Anknüpfungspunkte an die theoretische Hydrodynamik gefunden. Die Schwierigkeit der Probleme brachte es mit sich, daß die theoretischen Lösungen, von denen oft zu viel erwartet wurde, entweder stark idealisierte Fälle behandelten oder direkt versagten. Der erste Versuch einer mathematischen Lösung des wellenbildenden Schiffswiderstandes rührt von Lord Kelvin her, dessen bekanntes Bild in alle Lehrbücher der Schiffstheorie übergegangen ist. Diese auf der Theorie der Druckpunkte aufgebaute Lösung, welche, wie Hogner nachgewiesen hat, auch mathematisch den Vorgang in den Grenzgebieten nicht richtig wiedergibt, gestattet natürlich nicht, irgendwelche weitergehende Schlüsse auf das uns interessierende Problem zu ziehen. Es hat sich deswegen bis in die letzten Jahre die Ansicht behauptet, es wäre gänzlich unmöglich, den Widerstand eines Schiffes auf rechnerische Weise mit einigermaßen genügender Genauigkeit zu ermitteln. Während in sehr vielen Fällen die schöpferische technische Praxis der Theorie vorauseilt, in anderen die Theorie der Ausführung den Weg weist, liegt hier ein Fall vor, daß das Versuchswesen an einem wissenschaftlichen Ergebnis längere Zeit achtungslos vorübergegangen ist. Schon im Jahre 1898 hatte der große australische Ingenieur Michell eine strenge Lösung für den wellenbildenden Widerstand unter freilich sehr einschneidenden Beschränkungen gegeben. Diese Theorie, deren Anwendungen die vorliegende Arbeit behandeln soll, ist eigentlich erst durch Havelock Gemeingut der Schiffstheorie geworden. Havelock, der seit 20 Jahren an der theoretischen Untersuchung der Wellenbildung und speziell der Schiffswellen arbeitet, wandte zuerst im Jahre 1923 die Michellsche Formel auf ein zweidimensionales System an und konnte überraschende Ergebnisse für einige Wasserlinienformen erzielen, die gute qualitative Übereinstimmung mit Taylors Versuchen zeigten. In einigen weiteren Arbeiten untersuchte dann Havelock den Einfluß des parallelen Mittelschiffs und des Tiefgangs. Diese Veröffentlichungen regten Wigley an, einen schon von Michell vorgeschlagenen Gedanken zur Ausführung zu bringen — die Theorie an einigen einfachen Schiffsmodellen experimentell zu prüfen. Die gute Übereinstimmung von Rechnung und Versuch haben den Verfasser bestimmt, die Theorie einer allgemeinen Untersuchung über den wellenbildenden Widerstand von Schiffen zugrunde zu legen.

Die Annahmen, von denen Michell ausging, sind folgende:

I. Die allgemein in der Hydrodynamik für die Behandlung des Wellenproblems gültigen:

a) Ideale Flüssigkeit,

b) die Wellenhöhe ist gering im Verhältnis zur Wellenlänge, oder die Neigung der Welle zur Horizontalen ist überall eine kleine Größe (es ist das eine Voraussetzung, die z. B. in der Elastizitätslehre bei der Untersuchung von Vibrationen gemacht wird und die in weiten Bereichen gute Ergebnisse liefert).

II. Die Schiffswände bilden überall einen kleinen Neigungswinkel zur Mittschiffsebene. Diese letzte spezielle Bedingung bedeutet eine sehr weitgehende Beschränkung. Sie macht die Anwendungsmöglichkeit der Theorie auf die üblichen Schiffsformen erst von einer experimentellen Bestätigung abhängig.

Zu den ersten Punkten ist zu sagen, daß die Vernachlässigung der Reibung auf die Wellenbildung und die Dämpfung der Wellen wohl ein ganz untergeordneter Fehler ist; auch kann man mit einiger Wahrscheinlichkeit annehmen, daß bei scharfen Schiffen der Formwiderstand, hervorgerufen durch Ablösungserscheinungen, das errechnete Bild nicht wesentlich abändern wird, weil die virtuelle Tangente, die in erster Linie die Wellenerzeugung bestimmt, keine prinzipielle Änderung erfährt[1]). Die Formwiderstandsverhältnisse bei völligen Frachtschiffen bedürfen erst der Klärung durch den Versuch, weil die Bedingung der kleinen Neigung zur Mittschiffsebene eigentlich alle Schiffe mit flachem Boden ausschließt, insbesondere auch Gleitboote. Ebenso verbieten sie eine exakte Behandlung von Schiffen mit wulstförmigen Steven, da die Tangente hier unendlich wird.

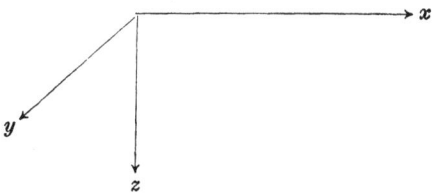

Abb. 1. Koordinatensystem.

Das Koordinatensystem wird nach vorstehender Abb. 1 angenommen. Wir betrachten das Schiff als in Ruhe befindlich und erteilen dem Wasser in genügend großem Abstand von der Störungsursache eine Geschwindigkeit gleich der wirklichen des Schiffes. Die ungestörte Wasseroberfläche entspreche der Koordinate $z = 0$, die Gleichung der Bodenlinie sei $z = h$. Wir untersuchen also nur Schiffe mit ebenem Kiel, deren Bodenlinie sich vom Achtersteven zum Vorsteven erstreckt. Aus dieser Randbedingung ergeben sich neue Beschränkungen; wir müssen Schiffe mit stark abgeschrägten Stevenformen, z. B. die Maier-Form, von unseren Untersuchungen ausschließen. Ferner ist zu beachten, daß die infolge der Fahrt hervorgerufenen Vertrimmungen nicht berücksichtigt werden, d. h. die Randbedingung $z = h$ für alle Geschwindigkeiten bestehen bleibt. Auch das ist eine Einschränkung, welche eine Behandlung der Gleitboote vollkommen ausschließt.

Wenn es hiernach den Anschein hat, daß die Michellsche Theorie mit Gebilden operiert, die mit üblichen Schiffsformen wenig Gemeinsames haben[2], so

---

[1] Siehe Wigley: TINA 1926.
[2] Exakt genommen sind das in der ξ und ζ-Richtung keilförmige Körper, deren Tiefgang an die Größenordnung der Länge reicht.

besteht eine Anzahl von Faktoren, welche die Übertragbarkeit trotzdem in den meisten Fällen mit großer Genauigkeit gewährleistet:

1. Die flachen Bodenstellen treten bei nicht zu völligen Schiffen nur im mittleren Teil auf, der in der Regel für die Wellenbildung von geringerem Einfluß im Vergleich zu den Schiffsenden ist.

2. Die Diskussion der Formel wird ferner ergeben, daß in Richtung der Tiefgangskoordinate ein Faktor $e^{-\beta \zeta}$ vorhanden ist, welcher die Spantform gegenüber den Wasserlinien als unwesentlicher erscheinen läßt. Immerhin sollen sich alle Betrachtungen dieser Arbeit zunächst auf scharfe Schiffe beziehen, für die ja auch die Wellenbildung eine größere Rolle spielt, bis weitere Versuchsergebnisse vorliegen, wobei als Positivum zu bewerten ist, daß selbst beträchtliche Winkel in Schwingungsproblemen noch als klein betrachtet werden können, solange nur nicht ihre Tangente unendlich wird.

Die Wellenbildung eines Schiffes ist ein stationärer Vorgang, d. h. sie ändert sich bei den von uns gemachten Annahmen für einen beliebigen Punkt des Raumes nicht in Abhängigkeit von der Zeit.

Eine kurze Wiedergabe der Theorie ist im Anhang zu finden; wir merken uns hier nur als endgültige Widerstandsformel:

$$R = \frac{4 \varrho g^2}{\pi v^2} \int_1^\infty (I^2 + J^2) \frac{\lambda^2 d\lambda}{\sqrt{\lambda^2 - 1}},$$

$$I = \iint f'(x, z) e^{-\frac{\lambda^2 g z}{v^2}} \cos \frac{\lambda g x}{v^2} \, dx \, dz,$$

$$J = \iint f'(x, z) e^{-\frac{\lambda^2 g z}{v^2}} \sin \frac{\lambda g x}{v^2} \, dx \, dz.$$

Schon eine flüchtige Betrachtung zeigt, daß der Widerstand in einen aus symmetrischen Funktionen bestehenden Hauptteil und einen Nebensummanden, welcher der Unsymmetrie Rechnung trägt, zerfällt. Da beide Glieder positiv sind, so folgt unmittelbar der Satz, daß **jede Unsymmetrie der Wasserlinien bei gleicher Grundform den wellenbildenden Widerstand erhöht**. Das Integral hat eine unendliche Grenze; wir wollen grundsätzlich, um eine möglichst allgemeine Lösung zu erzielen, angenäherte Integration anwenden; deswegen führen wir die Integration bis zu einem endlichen Wert durch und schätzen den Fehler ab. Ausführung s. Anhang S. 37—39.

Michell gibt auch Formeln an, welche den Einfluß von Flächenelementen aufeinander in der Längs- wie in der Höhenrichtung zu untersuchen gestattet. Von Interesse ist das Ergebnis für die Interferenz in der Längsschiffsachse, welches nach Einführung der Bezeichnung für die unserer Geschwindigkeit entsprechende freie Welle l einen maximalen Widerstand bei einer Entfernung der Elemente von ungefähr

$$x - x' = (k - \tfrac{7}{8}) l$$

und den geringsten Widerstand bei einer Entfernung von ungefähr

$$x - x' = (k + \tfrac{3}{8}) l \qquad k - \text{ganze Zahl}.$$

zeigt.

II. Arbeiten von Havelock und Wigley.

Die schöne Michellsche Arbeit steht außerhalb des Rahmens der Entwicklung, in welcher sich die Wellentheorie vollzogen hat; sie hat das Widerstandsproblem für ein Differentialschiff exakt gelöst und bis heute keine Fortentwicklung erfahren. Dieser Tatsache trug auch Havelock Rechnung, als er in seinen Arbeiten 1923 und 1925 bei der Auswertung konkreter Fälle zur Michellschen Formel griff.

Die Ergebnisse der drei Havelockschen Arbeiten, die für uns in Frage kommen, bestehen kurz in folgendem:

1. Für bestimmte Grenzfälle ergibt die Michellsche Formel dasselbe Resultat für das Ellipsoid wie die Formel von Havelock. Dieses Ergebnis ist insofern von großer Bedeutung, als Wigley es benutzt hat, um den größten möglichen Fehler zu bestimmen, welcher infolge der Vernachlässigung der quadratischen Geschwindigkeitsglieder im Ansatz der Michellschen Theorie auftreten kann. Das Ergebnis $< \sim 5\%$ ermutigt durchaus die Übertragung auf Formen, welche der Bedingung kleiner Neigung nicht mehr genügen, zu versuchen.

2. Eine zweidimensionale Untersuchung von Zylindern parabolischen Querschnitts, deren Wasserliniengleichung wie folgt lautet:

$$y = \frac{b}{1 - \frac{1}{5}\frac{l^2}{d^2}} \left(1 - \frac{x^2}{l^2}\right)\left(1 - \frac{l^2 + x^2}{6\,d^2}\right)$$

$2l =$ Schiffslänge
$d =$ Parameter

zeigt den Einfluß hohler und gerader Wasserlinien über einen großen Geschwindigkeitsbereich und bestätigt qualitativ die experimentellen Ergebnisse (1923).

3. Die Einflüsse der Verlängerung des parallelen Mittelschiffs lassen sich für unendlichen Tiefgang rechnerisch erfassen (s. Anhang S. 44).

4. Die Abhängigkeit des Widerstandes vom Tiefgang erhellt für die einfachsten Spezialfälle aus einem Diagramm (Proc. R. Soc. 1925).

Diese Ergebnisse werden fast alle durch Besselsche Funktionen teilweise recht komplizierter Art erzwungen.

Die Probe aufs Exempel wurde zuerst von Wigley, TINA 1926, gemacht. Er untersuchte die Michellsche Form

$$1. \quad y = \pm 0{,}32 \left(1 - \cos\frac{\pi x}{8}\right)\left(1 + \cos\frac{5\pi z}{8}\right),$$

$$2. \quad y = \pm 1{,}333 \cos\frac{\pi x}{16},$$

die Havelocksche Form und eine nach eigener Annahme

$$3. \quad y = \pm (1 - z^2) \cos\frac{\pi x}{16}$$

rechnerisch. Charakteristisch für alle erwähnten Arbeiten ist die Oberflächengleichung

$$y = f_1(x)\,f_2(z),$$

wodurch eine leichte numerische Behandlung erzielt wird. Bezeichnen wir mit $\beta(\xi)$ die Völligkeit eines Spants an einer beliebigen Stelle, so entspricht das einer Bedingung $\beta(\xi) = $ const
$$\varkappa = \frac{\delta}{\alpha\beta} = 1.$$

Bevor wir die Resultate Wigleys zusammenfassen, ist zu bemerken, daß die Form 2
$$y = 1{,}333 \cos \frac{\pi x}{16}$$
für den Vergleich leider unbrauchbar ist, da selbst bei Abrundung der Ecken der Formwiderstand dominiert. Dieses Modell war dazu bestimmt, die Abweichung des Experiments von der Theorie für den extremen Fall eines flachen Bodens zu untersuchen. Im weiteren Verlauf der vorliegenden Arbeit wird gezeigt, wie dieses Ziel durch einfache parabolische Formen hätte erreicht werden können.

Da ein Vergleich von Theorie und Versuch nur mit Einbeziehung des Formwiderstandes angestellt werden kann, so ist die Tatsache von größter Bedeutung, daß zuerst durch den Vorschlag Föttingers, getauchte Doppelmodelle unter Wasser zu schleppen, eine Trennung von Form und wellenbildendem Widerstand ermöglicht wurde. Dahingehende Untersuchungen von Kempf und Barillon haben ergeben, daß für sehr scharfe Schiffsformen der Formwiderstand fast zu vernachlässigen ist[1]. Die Ergebnisse seiner Arbeit faßt Wigley wie folgt zusammen:

1. Die errechneten Widerstandskurven sind im Mittel kleiner als die versuchsmäßig festgestellten, besonders bei höheren Geschwindigkeiten.
2. Die Humps in den berechneten Kurven sind größer.
3. Die Hollows sind noch mehr übertrieben und erscheinen in der Versuchskurve als flache Stellen.
4. Die Humps erscheinen in der theoretischen Kurve ungefähr um 8% früher als in der Versuchskurve bezogen auf

$$\textcircled{P} = \frac{V_{kn}}{2{,}428 \sqrt{\frac{\delta}{\beta} L_m}}.$$

Diese Abweichungen erklärt Wigley wie folgt:
1. Formwiderstand und Annahme einer kleinen Neigungstangente zur Symmetrieebene.
2. und 3. Vernachlässigung der dämpfenden Einflüsse. Hierzu ist zu sagen, daß eine Glättung der Hollows natürlich ist, ähnlich wie bei der Umsetzung von Geschwindigkeit in Druck gewöhnlich starke Entropievermehrung stattfindet, das Modell der idealen Flüssigkeit also nicht mehr stimmt. Diesbezügliche Überlegungen s. auch Tutin: TINA 1924.

Unsere weiteren Untersuchungen zeigen, daß die Unveränderlichkeit der Spantvölligkeiten über die Länge[2] Anlaß zu den starken Buckeln in der Widerstandskurve gibt. Nach Beseitigung dieser Annahme oder Wahl einer komplizierteren CWL stimmen Theorie und Versuch besser überein.

---
[1] Siehe insbesondere Kempf: Werft Reederei Hafen 1929.
[2] Oder exakter die primitive Form der Deplacementsskala, die hierdurch bedingt ist.

4. Die Verspätung der Humps in den Versuchskurven erklärt Wigley durch den schon vorhin besprochenen Einfluß der virtuellen Tangente.

Im nächsten Jahre veröffentlichte Wigley die Untersuchung über den Einfluß der Breite[1], welche nach Michells Theorie quadratisch den Widerstand beeinflussen soll. Die Versuche zeitigten das Ergebnis, daß bei abnehmender Breite die Versuchsergebnisse sich in der Form weitgehend der Theorie anpassen, die Fehler in den Absolutwerten dagegen größer werden. Aus diesem Grunde ist die Vermutung auszusprechen, daß der Formwiderstand mehr zum Tragen kommt, als Barillon annimmt[2]. Bei quadratischer Abnahme des Anteils der Wellenbildung treten selbstverständlich die Ungenauigkeiten in allen andern Faktoren mit erhöhter Bedeutung hervor. So kann z. B. die Unsicherheit im Reibungswiderstand das Resultat weitgehend beeinflussen. Bis zur Lieferung eines Gegenbeweises kann man vielleicht behaupten, daß für extrem schlanke Körper ($L:B = 16$) der wellenbildende Widerstand sich genauer als andere Widerstandsarten rechnen läßt. Es wäre erwünscht, um den Einfluß des größeren Bodenwinkels mit Sicherheit auszuschalten, Formen mit vergrößertem Tiefgang zu schleppen, wenn die Breiten allein untersucht werden sollen.

III. Druckpunkte.

Der Vollständigkeit halber müssen auch andere Arbeiten Havelocks und Hogners, welche eine Fülle theoretisch interessanter Ergebnisse gezeigt haben, zum Vergleich herangezogen werden; sie beruhen im wesentlichen auf der Theorie der Druckpunkte, die einfachsten Fälle findet man in Lambs „Hydrodynamik".

Für das dreidimensionale Problem mit Symmetriebedingungen erhält man Lösungen mit Hilfe von Besselschen Funktionen. Ein wichtiger Faktor bei der Behandlung dieser mathematisch sehr schwierigen Probleme ist die sogenannte Methode der stationären Phasen (Grundsätzliches hierüber s. Lamb); sie soll hier erwähnt werden, weil sie zur Auswertung der Michellschen Integrale herangezogen werden könnte, doch erübrigt sich, wie wir später sehen werden, bei der verlangten technischen Genauigkeit eine derartige Komplikation.

Der Theorie der Druckpunkte liegt nun folgendes mechanische Modell zugrunde: wir denken uns die Drücke auf einen festen Belag, der auf der Welle liegt, angreifend, dann läßt sich der Widerstand sehr einfach wie folgt ausdrücken (s. Skizze)

$$R = \int^S p \frac{\partial \zeta_0}{dx} dS.$$

wobei die Funktion nur über einen bestimmten Bereich S von 0 verschieden ist. Während Havelock sich auf symmetrische Druckverteilung beschränkt, geben die neuesten Arbeiten von Hogner Lösungen für beliebige Druckverteilung; damit ist die Theorie der Druckpunkte zu einem Abschluß gekommen. Die praktische Anwendbarkeit der Ergebnisse auf unser Problem liegt noch nicht vor. Zwar

---
[1] TINA 1927.
[2] Siehe Kempf: Werft Reederei Hafen 1929.

wird es leichter sein, für ein Drucksystem geringsten Widerstandes die entsprechende Form zu finden, als umgekehrt von der Form die entsprechende Druckverteilung, wie das Hogner in seinem Delfter Vortrag anführt, doch ist diese Brücke noch nicht geschlagen. Dagegen hat sich (Havelock 1918) das interessante Resultat ergeben, daß gewisse Drucksysteme in bezug auf den Widerstand getauchten Körper, deren Tauchtiefe im Vergleich zur Höhendimension groß ist, und die durch Doppelquellen gebildet werden können, äquivalent sind. Auf diese Weise hat Havelock eine Formel für den Widerstand getauchter Rotationsellipsoide erhalten. Es muß noch besonders hervorgehoben werden, daß diese Betrachtungen keinerlei Beschränkung der Körperform verlangen, als einzige Bedingungen gelten nur die Annahme idealer Flüssigkeit und der kleinen Wellenneigung. Insofern gehen die Theorien in der Allgemeinheit über das Michellsche Integral hinaus, sie ermöglichen jedoch noch nicht eine Berechnung des Schiffswiderstandes für gegebene Formen.

IV. Problemstellung.

Die Problemstellung der vorliegenden Arbeit kann im Gegensatz zu Havelock und Wigley dahin präzisiert werden, daß die Theorie Michells brauchbaren Schiffsformen, nicht die Schiffsformen der Möglichkeit einer eleganten mathematischen Behandlung, angepaßt werden. Deswegen wird auf eine Darstellung des Widerstandsintegrals durch mathematische Funktionen prinzipiell verzichtet —selbst die einfachsten Gleichungen führen auf Besselsche und hypergeometrische Funktionen, die nicht tabelliert sind; numerische und graphische Methoden dagegen, die dem Schiffbauer geläufig sind, gestatten eine Lösung in allen interessierenden Fällen zu erzwingen.

Der Wert einer Theorie kann natürlich schon in qualitativen Ergebnissen liegen, die gestatten Angaben zu machen, welche Größenordnung oder auch nur welches Vorzeichen der Änderung einer unabhängigen Variablen in der gesuchten Funktion entspricht. In vielen Fällen werden wir uns bei Anwendung der Michellschen Theorie hiermit begnügen; von einer praktischen Bedeutung im üblichen Sinne kann jedoch nur die Rede sein, wenn auch quantitative Schlüsse gezogen werden können. Die Klärung dieser Frage für den wellenbildenden Widerstand wird als weiteres wesentliches Problem der vorliegenden Arbeit betrachtet.

Wir schließen die Untersuchung von Gleitbooten aus und erwähnen nur, daß in der Druckpunkttheorie ein vielversprechendes Hilfsmittel für die Lösung dieser schwierigen Aufgabe vorhanden zu sein scheint. Denkt man sich an Gleitbooten oder Brettern Druckversuche etwa mit Hilfe von Pitotröhren vorgenommen, so wäre man auf Grund der gegebenen Auftriebsverteilung ohne weiteres in der Lage, nach Hogner alle interessierenden Vorgänge der Wellenbildung zu untersuchen.

Die von Havelock entdeckte Beziehung zwischen dem Widerstand von Druckpunkten und dem vollkommen getauchter Körper kann für die Unterseefahrt von Bedeutung sein, desgleichen, um die Wellenbildung eines vollkommen getauchten Doppelmodells nach Föttinger zu berechnen.

V. Analytische Schiffsformen.

Wir wenden uns der Approximation von Schiffsformen durch einfache mathematische Gleichungen zwecks Untersuchung des Widerstandes zu, wobei besonders hervorgehoben wird, daß die an dieser Stelle gegebenen Beziehungen noch keinen Anspruch erheben, unmittelbar für die ausführende Praxis brauchbar zu sein — der hier verfolgte Zweck ist zunächst ein rein versuchstechnischer und rechnerischer; deswegen wird nur das Unterwasserschiff behandelt und der Längsschnitt als Rechteck angesehen. Der Beweis, daß jede Schiffsform (soweit sie stetig ist) exakt dargestellt werden kann und verschiedene Beispiele, die auch das Oberwasserschiff einschließen, sind an anderer Stelle gegeben (Werft Reederei Hafen 1929, Sondernummer zur Tagung der SBTG). Anfänglich wurden die nötigen Ausdrücke von dem Gesichtspunkt aus bestimmt, daß die Integrale J in geschlossener Form zu lösen wären. Diese Bedingung ergibt rechnerisch Vereinfachungen, ist aber keineswegs notwendig; die Michellsche Formel ist derart allgemein, daß die Form des ⊗ und selbst der CWL durch Aufmaß oder graphisch definiert sein können[1], wobei nur erforderlich ist, daß die Genauigkeit eine Differentiation zuläßt (z. B. können aus Schnürbodenordinaten die Differenzenquotienten gebildet und in die Formel eingesetzt werden).

a) Am naheliegendsten ist es, für Spanten und Wasserlinien Fouriersche Reihen zu wählen, weil in den Quadraturen J, I Kreisfunktionen schon an und für sich auftreten. Noch bessere Resultate lassen sich mit Hilfe der verallgemeinerten Reihen, welche Hyperbelfunktionen als Multiplikatoren enthalten, erzielen. Wie schon erwähnt, gehen in das eine Integral J nur gerade Funktionen ein, welche gleichzeitig allein einen Betrag für den Völligkeitsgrad liefern; die ungeraden Funktionen $\mathfrak{Sin}\,\psi\,\xi$; $1 - g_0\,\xi$; $1 - g_0\,\xi^3$ usw. dienen dazu, das Vorschiff zu verschärfen resp. das Hinterschiff völliger zu gestalten. Sie ergeben auch die Verschiebung der Volumen und Wasserlinienschwerpunkte. Nehmen wir als einfachsten Fall nur das erste Glied unserer verallgemeinerten Reihe, wobei wir die Wasserlinien und Spanten voneinander unabhängig lassen, so erhalten wir den Ausdruck

$$y = \eta\,\frac{B}{2} = f(x,z) = f_1(x)\,f_2(z) = \frac{B}{2}\cos\frac{\pi x}{2\,l}\,\mathfrak{Cof}\,\varphi_1\frac{\pi x}{2\,l}\left(1 - \mathfrak{Sin}\,\psi\,\frac{\pi x}{2\,l}\right)\cos\frac{\pi z}{2\,T}\,\mathfrak{Cof}\,\psi_3\frac{\pi z}{2\,T}\bigg]l = \frac{L}{2}.$$

Hierin sind φ, ψ, ψ_3 konstante Größen. Der Völligkeitsgrad der gewöhnlichen Kosinuslinie läßt sich von 0,6375 auf etwa 0,68 steigern. Die Ausdrücke für α, β und δ lauten:

$$\frac{2}{\pi\,(\psi^2 + 1)}\,\mathfrak{Cof}\,\frac{\pi}{2}\,\psi.$$

Um mit dimensionslosen Größen zu operieren, haben wir die Verhältnisse wie folgt eingeführt, welche dem angegebenen Koordinatensystem entsprechen (Abb. 1),

$$\xi = \frac{x}{l} = \frac{x}{L/2}, \qquad \zeta = \frac{z}{T}.$$

---

[1] Für die Rechnung ist eine Approximation durch Kugelfunktionen empfehlenswert oder nach Keil, Schiffbau 1928, durch Interpolationsformeln.

Die Untersuchung hat ergeben, daß mit einem Glied dieser Art der Völligkeit des Hauptspants bis zu 0,84 getrieben werden kann, doch erhalten wir dabei schon leichte Wulstformen (sobald ψ größer als 1 wird). Die Tangente des Eintrittswinkels der WL, welcher in vielen empirischen Formeln eine entscheidende Bedeutung beigelegt wird, nimmt für unser Beispiel die Werte an

$$y' = -1{,}57 \frac{B}{L} \qquad \text{für } y = \frac{B}{2} \cos\frac{\pi\xi}{2},$$

$$y' = -1{,}57 \frac{B}{L} 1{,}29 \qquad \text{„ } y = \frac{B}{2} \cos\frac{\pi\xi}{2} \operatorname{\mathfrak{Cof}} \frac{3}{2\pi} \cdot \frac{\pi\xi}{2}.$$

Wie schon bei Wigleys Versuchen erwähnt, ist es rein rechnerisch von großer Bedeutung, die Oberfläche in der Form $\eta = f_1(x) f_2(z)$ darzustellen. Das entspricht aber einer schlechten Schiffsform[1], da der Koeffizient $\varkappa = 1$ ist.

Um die Oberfläche mehr schiffsmäßig zu gestalten, müssen wir eine Abhängigkeit der Spantflächen von der Länge einführen, wenn wir nicht direkt durch doppelte Fouriersche Reihen mit vielen Gliedern den Schiffskörper darstellen wollen, was für Zwecke der praktischen Rechnung abwegig ist. Sobald aber Forderungen jener Art gestellt werden, wird der Vorzug der Kreis- und Hyperbelfunktionen in betreff leichter Integrierbarkeit illusorisch. Wir können zusammenfassend sagen, daß die Fouriersche Reihe, ohne eine zu große Rechenarbeit zu erfordern, gute Formen nur für sehr scharfe Schiffe ergibt. Weiter ist jedoch diese Schiffsform nicht verfolgt worden, weil die

b) **Parabelfunktionen** neben den Vorzügen der Kreisfunktionen wesentlich größere Variationsmöglichkeiten zulassen.

Schon seit Chapman ist die Darstellung von Wasserlinien, Spanten und Deplacementskurven durch Parabeln nach der Gleichung

$$y = \frac{B}{2} \left[1 - \left(\frac{x}{l}\right)^m \right]$$

bekannt. Freilich können die Kurven höherer Ordnung nicht als gute Wasserlinienformen angesprochen werden, da die Enden zu dick werden. Um sowohl den Völligkeitsgrad wie die Form in weiten Grenzen variieren zu können, werden die Wasserlinien zunächst wie folgt dargestellt:

$$y = \frac{B}{2} (1 - \xi^m)(1 - c_0 \xi^n).$$

Der erste Faktor sichert die richtigen Grenzbedingungen und die Größenordnung der Völligkeit. Der zweite gestattet kleinere Veränderungen derselben und bestimmt in hohem Maße die Form (konvex, konkav). Für die Völligkeitsgrade α und die Eintrittstangente erhalten wir für einige Beispiele folgende Werte: Darstellung s. Anhang:

$$y = \frac{B}{2}(1-\xi^4)(1-c_0\xi^2); \qquad \alpha = 0{,}8 - \frac{4}{21} c_0;$$

$$y = \frac{B}{2}(1-\xi^4)(1-c_0\xi^4); \qquad \alpha = 0{,}8 - \frac{4}{45} c_0;$$

$$y'_{\xi=1} = -4 \frac{B}{L}(1-c_0).$$

---

[1] Solange wir die CWL-Form nicht komplizieren, siehe S. 17.

Diese Formen sind als praktisch verwertbar anzusprechen.

Eine Vermehrung der Hinterschiffsvölligkeit läßt sich leicht durch Hinzufügung ungerader Faktoren des Typus $1 - g_0 \xi$; $1 - g_0 \xi^3$ erreichen.

Für das ⊗ liefern die einfachen Parabelgleichungen recht annehmbare Formen, nicht ganz zünftig sind die scharfen Krümmungen bei Kurven höherer Ordnung (die sich durch Hinzufügung weiterer Glieder leicht beheben lassen). Um Vorschiffs- und Hinterschiffsspanten auszubilden, können folgende Faktoren eingeführt werden:

1. Zur Erzielung einer Schrägstellung, „Schräge" genannt, $1 - c_1 \zeta$,

2. der Multiplikator $1 - c \zeta^n$ gestattet die Verringerung der Spantvölligkeiten bei senkrechtem Einlauf.

Auf diese Weise erhält man Oberflächengleichungen, welche aus 3—4 Faktoren resp. einer größeren Anzahl von Summanden bestehen (Gleichungen und Spantenrisse s. Anhang S. 31—33). Die Glieder mit höheren Potenzen werden eingeführt, um Verschärfungen und Verdickungen im Unterschiff zu erreichen. Durch Vergrößerung des Koeffizienten im zweiten Faktor $1 + c \zeta^n$ lassen sich weiter verdickte Spantfüße und Wulstformen erzeugen, welche den englischen Torpedoblisters ähneln.

Zusammenfassend kann gesagt werden, daß mit Parabeln jede erwünschte Wasserlinienform und Hauptspantformen mit Völligkeiten bis etwa 0,94 mühelos erreicht werden können. Selbstverständlich können zylindrische Teile mittschiffs eingefügt werden. Schwierigkeiten bereitet noch die Darstellung des Kreuzerhecks im Unterwasserschiff[1].

Wie schon erwähnt, haben weitere Untersuchungen zu dem Ergebnis geführt, daß der ganze Schiffsrumpf, sofern er stetig ist, immer durch ganze rationale Funktionen wiedergegeben werden kann. Der allgemeinste Ausdruck für die Schiffsoberfläche bei $\varkappa = 1$ lautet:

$$\eta = \left[1 - \sum_{i=1}^{i=n} a_i \xi^i \right] \varphi(\zeta)$$

oder in anderer Form

$$\eta = \left[1 - \sum_{i=1}^{i=n} a_i f_i(\xi) \right] \varphi(\zeta) \qquad \begin{matrix} f_i(\xi) = 0; & \xi = 0; \\ f_i(\xi) = 1; & \xi = 1. \end{matrix}$$

Für $\varkappa \neq 1$ nimmt die Beziehung folgende Formen an

$$\eta = 1 - \sum_{i=1}^{i=n} a_i \xi^i \varphi_i(\zeta), \qquad \sum a_i \varphi_i(\zeta) = 1.$$

Öfters werden wir eine andere Darstellungsweise wählen

$$\eta = \text{CWL} \otimes [1 - \sum a_i \xi^i \varphi_i(\zeta)],$$

welche betont, daß sowohl Hauptspant wie CWL beliebig analytisch geometrisch oder empirisch gegeben sein können; der Klammerausdruck spielt dann die Rolle einer Verschärfungsfunktion, welche die Hauptschnitte in die Längsschiffskontur überleitet.

Dieselben Betrachtungen gelten für die e-Funktionen; als Vorzug erscheint eine größere Anpassungsfähigkeit an ausgeführte Schiffsformen, als Nachteil fällt

---

[1] Wenn man an der Bedingung $z = h$ für den Kiel festhält.

die Unmöglichkeit der exakten Integration ins Gewicht. Die Beispiele, Abb. 12, 13 zeigen, wie mit einfachen Mitteln gute Ergebnisse zu erzielen sind.

Für die Widerstandsuntersuchungen wird man in Zukunft zweckmäßig nur Parabeln anwenden.

Zu den Beispielen soll noch erwähnt werden, daß die Spantenrisse selbstverständlich in den andern Projektionen den notwendigen schiffsmäßigen Verlauf sicherstellen, worauf bei der Auswahl der Funktionen und Koeffizienten zu achten ist.

c) Als dritte Form sei die Progressica, über welche einiges im Bulletin de l'association technique maritime 1893, Vortrag Kryloff, zu finden ist, erwähnt. Ihre Gleichung lautet

$$y = \frac{B}{2} \frac{1-\zeta^3}{1+n\zeta^3},$$

$$y = \frac{B}{2} \frac{1-\left(\frac{\zeta+h}{1+h}\right)^3}{1+n\left(\frac{\zeta+h}{1+h}\right)^3},$$

wobei der Koeffizient $n = f(\xi)$ wieder als Funktion der Längenkoordinate ausgedrückt werden kann. Diese Kurvenart eignet sich vorzüglich zur Darstellung von Hinterschiffsspanten. Als großer Nachteil ist zu erwähnen, daß die Längenfunktion im Nenner auftritt und dadurch der Differentialausdruck verwickelt, die Integrale J nicht mehr exakt lösbar werden. Wir verwenden die Progressica, um Totholzeinflüsse summarisch zu bewerten, sehen jedoch von einer weiteren Untersuchung dieser Kurvenform ab.

VI. Gang der Rechnung.

Die Aufstellung einer Widerstandskurve gestaltet sich wie folgt (s. auch Anhang S. 30—39); die Gleichung der Oberfläche wird partiell nach der Längenkoordinate differenziert. Es sei gestattet, die Ausdrücke

$$M = \int_0^1 f(\xi) \sin\gamma\xi \, d\xi,$$

$$M' = \int_0^1 f(\xi) \cos\gamma\xi \, d\xi$$

als Michell-Funktionen erster und zweiter Art zu bezeichnen; in der Diskussion dieser Ausdrücke liegt ein wesentlicher Teil der Lehre vom Wellenwiderstand des Schiffes. Bei Anwendung von Parabelformen erhalten wir diese Funktionen als wichtigsten Bestandteil der Integrale I, J durch einfache Quadraturen des Typs

$$\int \xi^m \sin\gamma\xi \, d\xi,$$
$$\int \xi^m \cos\gamma\xi \, d\xi.$$

Rekursionsformeln, Tabellen und graphische Darstellung s. Anhang S. 30—36. Im allgemeinen kann man rechnen, daß mit einer Funktion zehnter Ordnung brauchbare Schiffsformen erzielt werden, wir also Michell-Funktionen mindestens neunter Ordnung in den Kreis unserer Betrachtung einzuschließen haben. Die praktische Rechnung läßt sich entweder nach Summenschemen oder den Ausdrücken M, M' erledigen, wobei letzterem Verfahren aus Gründen der Allgemeingültigkeit und Zweckmäßigkeit der Vorzug zu geben ist. Bei der Berechnung der M, M' ist bei fallendem Parameter und steigender Ordnung einige Aufmerksamkeit auf die Genauigkeit erforderlich; um die lästige Differenzenbildung zu vermeiden, greift man in solchem Falle zum Simpson-Schema oder zur Planimetrierung in großem Maßstabe. Die Endresultate der Tabellen haben Rechenschiebergenauigkeit.

Schon diese Betrachtung lehrt, daß keine zwingende Notwendigkeit vorliegt, für die Michell-Funktionen exakte Quadraturen anzustreben.

Die Auswertung der Spantfunktionen in den Integralen J, I führt auf die leicht lösbaren Formeln

$$\int_0^1 \zeta^n e^{-\beta \zeta} d\zeta,$$

die im Anhang S. 30, 36 wiedergegeben sind. Ebenso wie früher, ist bei kleinen Werten des Parameters und höheren Potenzen die Rechengenauigkeit zu beachten; es ist deswegen zu einer Reihenentwicklung gegriffen worden

$$\int_0^1 e^{-\beta \zeta} \zeta^n d\zeta = \frac{1}{n+1} - \frac{\beta}{n+2} + \frac{1}{2(n+3)} \beta^2 - \cdots$$

Für die praktische Anwendung entnimmt man die Werte

$$\int \zeta^n e^{-\beta \zeta} d\zeta$$

Kurven, wie sie z. B. für $1 - \zeta^4$ und $1 - \zeta^8$ in der Anlage gegeben sind. Es ist zu beachten, daß für $\beta = 0$ das Integral der Spantfunktion den Spantvölligkeitsgrad ergibt, hieraus erklärt sich auch die Bezeichnung des Parameters β.

Nach Berechnung der Integrale J wird der Integrand von R

$$\sum^2 f^2(\beta) f_0(\lambda)$$

als Funktion des Parameters gebildet. Die Einführung dieser neuen Unabhängigkeit, $\gamma = \frac{Lg}{2v^2} \lambda$ erscheint zweckmäßig, da die Wasserlinienkurven als Grundkurven des Systems zu betrachten sind, bei deren Vorhandensein leicht beliebige Spantformen aufgebaut werden können. Bei $\lambda = 1$ wird unser Integral unendlich. Es muß eine Substitution für den Anfangsbereich vorgenommen werden, woraus ein besonderer Zuschlag für jede Geschwindigkeit erfolgt. Ein Rechenschema mit Tabellen und Kurven ist in der Anlage wiedergegeben. Als Nachteil hat sich gezeigt, daß wegen der Abhängigkeit des β-Wertes von v für jede Geschwindigkeit eine besondere kleine Tabelle auszufüllen ist; hierin besteht zweifellos ein Minus gegenüber einer Lösung in geschlossener Form. Wenn man jedoch bedenkt, daß z. B. bei Besselschen Funktionen die Geschwindigkeit immer wieder explizite im Argument auftritt, so fällt die kleine rechnerische Mehrarbeit bei uns nicht ins Gewicht. Da sich unser Integral R bis unendlich erstreckt, ist es jeweils notwendig, festzustellen, wo die Reihe abgebrochen werden kann (s. Anhang S. 37—39).

Man sieht, daß bei sehr hohen Geschwindigkeiten das Restglied nur von geringem Einfluß ist, dagegen erfordert es bei geringen Geschwindigkeiten eine genauere Berechnung.

Es bleibt noch übrig, zu erwähnen, daß Havelock im Jahre 1925 die Michellsche Widerstandsformel unter den gleichen einschränkenden Bedingungen aus Doppelquellen erhalten hat; da sie nur eine Bestätigung der Michellschen Theorie bedeutet, brauchen wir sie nicht näher zu behandeln.

Wir wenden uns nun der Untersuchung zu, welchen Einfluß die Schiffsabmessungen und Koeffizienten auf den wellenbildenden Widerstand haben.

VII. Spanten und Wasserlinien.

1. **Spantform.** Wir beschränken uns zunächst auf $\beta(\xi)$ konst. oder $\varkappa = 1$.

a) V Spant $1.\ 1 - \zeta^4$ versus schräger Sackspant. Wir bestimmen den Koeffizienten c_1 der Gleichung (Abb. 2)

$$(1 - \zeta^8)(1 - c_1 \zeta),$$

so daß

$$\int_0^1 (1 - \zeta^8)(1 - c_1 \zeta)\, d\zeta = 0{,}8, \qquad c_1 = \tfrac{2}{9}.$$

Bei den Untersuchungen dieser Art wollen wir uns die Erkenntnis zunutze machen, daß das Widerstandsintegral R um so größer ist, je größer die Funktion $f(\beta)$ wird. Die Quadrate $f^2(\beta)$ sind für beide Spantformen und verschiedene β berechnet worden

$$f_1(\beta) = \int_0^1 (1 - \zeta^4)\, e^{-\beta \zeta}\, d\zeta, \qquad f_2(\beta) = \int_0^1 (1 - \zeta^8)(1 - c_1 \zeta)\, d\zeta$$

und zeigen, daß bei gleichen Schwimmwasserlinien für den üblichen Geschwindigkeitsbereich eine leichte Überlegenheit des schrägen Sackspants besteht. Bei extremen Geschwindigkeiten verwischt sich der Unterschied einigermaßen — die erste Feststellung der Tatsache, daß in diesen Gebieten die reine Form als solche in ihrer Bedeutung wesentlich zurücktritt.

b) Auf dieselbe Weise untersuchen wir den Querschnitt einer Jacht und ein Dreieckspant (Abb. 3).

$$\eta = \frac{1 - \zeta^3}{1 + 7\zeta^3} \quad \text{und} \quad \eta = 1 - \zeta.$$

Auch hier bringt die Betrachtung der Funktionen die Lösung der Aufgabe (s. Abb. und Tabelle 3). Der Dreieckspant schneidet wesentlich günstiger ab, da die Quadrate im Gebiet der mittleren Geschwindigkeiten merklich kleiner sind als für den Jachtquerschnitt.

$(1 - \zeta^8)(1 - \tfrac{2}{9}\zeta),\ 1 - \zeta^4.$

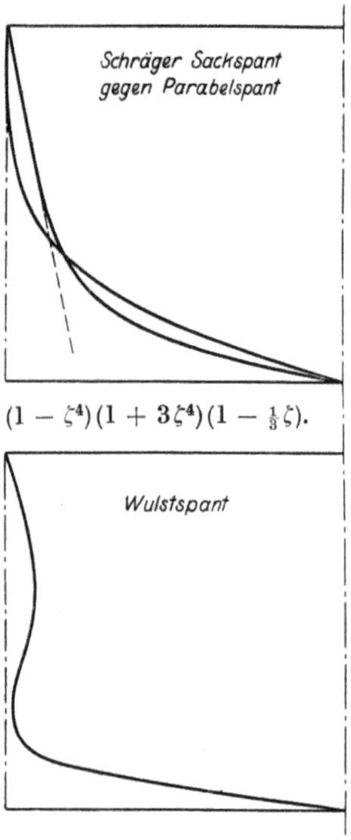

Schräger Sackspant gegen Parabelspant

$(1 - \zeta^4)(1 + 3\zeta^4)(1 - \tfrac{1}{8}\zeta).$

Wulstspant

Abb. 2.

c) Untersuchung von Wulstspanten, die sich über das ganze Schiff erstrecken. Wir sahen, daß sich Wulstspanten ohne Schwierigkeiten durch folgende Formel darstellen lassen: z. B.

$$\eta = (1 - \zeta^4)(1 + c_4 \zeta^4)(1 - c_1 \zeta) \quad \begin{array}{l} c_4 = 3, \\ c_1 = \tfrac{1}{3}, \end{array}$$

wobei wir den Völligkeitsgrad $\beta = \tfrac{8}{9}$ gewählt und hieraus den Koeffizienten c_4 bestimmt haben. Eine analoge Untersuchung wie oben ergibt bei $\beta = 1$ ein Minus für die Funktion $f(\beta)$ des Wulstschiffes, also einen kleinen Vorzug für den Widerstand, Abb. 2. Alle diese Ergebnisse sind vollkommen einleuchtend, wenn man

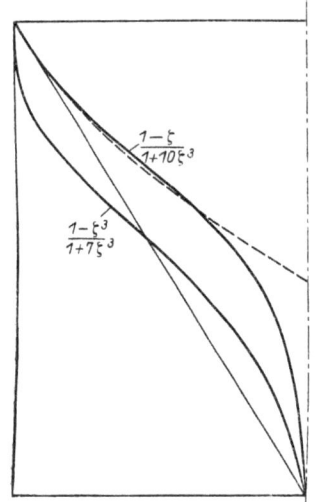

Yachtspant und Dreieckspant $\dfrac{1-\zeta^3}{1+7\zeta^3}$ und $1-\zeta$.

Totholzspant und Parabelspant $\dfrac{1-\zeta}{1+10\zeta^3}$; $1 - 0{,}55\zeta_1 - 0{,}45\zeta_1^2 \cdots$.

β	0	1	2	3	4
Yachtspant $f_1(\beta)$	0,500	0,3831	0,3016	0,2454	0,2029
△Spant $f_2(\beta)$	0,500	0,3679	0,2839	0,2277	0,1887
$\dfrac{f_1^2(\beta)}{f_2^2(\beta)}$	1	1,09	1,13	1,16	1,16

Abb. 3.

bedenkt, daß in dem Integral R die e-Funktion mit negativem Exponenten, der vom Tiefgang abhängt, erscheint. Es ist demnach günstig, möglichst tief Volumen anzuordnen, weil es hier mit einem kleineren Koeffizienten multipliziert wird.

Auf diese Weise läßt sich einiges zur Klärung der Frage der corrugated ships, welche besonders von Telfer propagiert werden, beitragen. Wir könnten, um genauere Ergebnisse zu erzielen, ohne weiteres graphisch eine Form mit kreisförmiger Anschwellung untersuchen, welche ebenso eine kleine Überlegenheit gegenüber einem gewöhnlichen Querschnitt aufweisen würde. Auch ließe sich der Wulst leicht partiell über die Schiffslänge anbringen (durch Einführung von variablen Faktoren)

$$(1 - \zeta^n)(1 + f_1(\xi)\zeta^m)\left(1 - \frac{\zeta}{3}\right).$$

Hiermit wäre ein kleiner Vorzug des corrugated ships festgestellt. Ob günstigere Reibungsverhältnisse vorliegen, erscheint zweifelhaft. Einer Anregung des verstorbenen Professor Werner folgend sind vom Verfasser einige Auswertungen in der Richtung versucht worden, daß, wie bei innen durchströmenden Rohren, der Reibungsbeiwert $F(vl/\nu)$ mit abnehmendem Krümmungsradius langsam wachsend angenommen wurde[1]. Dem steht ein Versuch von Kempf mit dünnen

---

[1] Modellergebnisse mit negativen Restwiderstand sind wegen laminarer Strömung kein Einwand dagegen.

Messingrohren freilich entgegen. Pabst hat Versuche an schiffsähnlichen Körpern in dieser Richtung fortgesetzt. Die Ergebnisse sind nicht bekannt.

d) Die Abhängigkeit des Widerstandes vom Völligkeitsgrad der Spanten ist am Beispiel eines Schiffes untersucht worden. Die Ergebnisse (s. w. unten) müssen jedoch mit Vorsicht aufgenommen werden, da, wie schon erwähnt, bei $\varkappa = 1$ keine übliche Schiffsform vorhanden ist.

e) An dem Beispiel des Jachtspants wurde ferner noch untersucht, inwieweit Tothölzer, die sich über die ganze Schiffslänge erstrecken, die Wellenbildung vermehren, s. Abb. 3. Unser Querschnitt ist mit einem weitgehend angepaßten und einem inhaltsgleichen Parabelspant verglichen (leider ist die Genauigkeit der Rechnung für diese subtile Untersuchung nicht ausreichend.

der obere Teil läßt sich durch $$y = \frac{1-\zeta}{1+10\,\zeta^3},$$

$$y = 1 - 0{,}55\,\zeta_1 - 0{,}45\,\zeta_1^2$$

approximieren, wogegen Flächengleichheit durch

$$y_2 = -0{,}61\,\zeta_2 - 0{,}39\,\zeta_2^2$$

erzielt wird.

Das Ergebnis der Rechnung zeigt, daß für hohe Geschwindigkeiten die Flosse fast den gleichen Anteil zur Widerstandsbildung beiträgt, wie die höher gelegenen Schiffsteile. Bei geringeren Geschwindigkeiten ist der Einfluß des Totholzes nicht bedeutend, Rückschlüsse auf nur teilweise vorhandene Flossen sind jedoch wegen der Interferenzmöglichkeiten mit Vorsicht zu ziehen. Im allgemeinen kann gesagt werden, daß für extreme Geschwindigkeiten geringe Spantvölligkeit bei völligen Wasserlinien (wie wir es noch später sehen werden) angestrebt werden muß. Bei ganz geringen Geschwindigkeiten ist der Widerstand nur unwesentlich von der Spantvölligkeit abhängig. Es ist zu beachten, daß die Spantgleichung Knicke aufweisen darf, da sie undifferenziert in das Widerstandsintegral eingeht — ein Schluß, der nur cum grano salis auf wirkliche Schiffe übertragen werden kann, solange nämlich die Strömungsrichtung keine wesentliche Komponente in der Spantebene besitzt.

Grundlegend für die Diskussion des Wellenwiderstandes sind die Kurven der Wasserlinienwerte, kurz Grundkurven genannt (s. Anh. S. 31—33, 40), wobei den Formen 1 und 4 hohle Wasserlinien entsprechen, während 2, 3, 5 konvexe Formen aufweisen. Für die Größenordnung des Widerstandes entscheidend ist immer die erste Welle weil das Quadrat der Spantfunktion ein schnelles Abklingen der an und für sich schon abnehmenden Grundkurven verursacht. Bei den extremen Geschwindigkeiten ist der Einfluß des Völligkeitsgrades a und der Form der CWL nicht wesentlich, ein Ergebnis, welches sich anschaulich schon aus den M-Kurven entnehmen läßt. Betrachten wir z. B. nur im Bereich der ersten Welle die Wasserlinien

$$1 - \xi^4, \quad 1 - \xi^2.$$

Maßgebend für das Integral R ist dann $2\,M_1$ und $4\,M_3$; da das Verhältnis $M_1/M_3 \sim 2$, sind die Gesamtwiderstände ungefähr gleich, der spezifische Widerstand für die volle Form wesentlich günstiger. Ziehen wir das über den Spantvölligkeitsgrad Gesagte in Betracht, nehmen wir das quadratische Gesetz für den Tiefgang in diesem Bereich vorweg, so erleben wir den Übergang zum Gleitboot mit seinen verhältnismäßig vollen Wasserlinienformen. Sehr ungünstig ist die Form mit hohlen Wasserlinien für mäßig große Geschwindigkeiten, während sie für mittlere und kleine gute Eigenschaften aufweist. Ein einfaches Kriterium für das Auftreten von Buckeln und Höhlungen in der Widerstandskurve, wie es nach Baker[1] durch den prismatischen Koeffizienten empfohlen wird, läßt sich theoretisch nicht nachweisen, denn der Unterschied zwischen den beiden Formen gleicher Völligkeit 1 und 3 ist wesentlich größer als der zwischen demselben Gleichungstyp verschiedener Völligkeit.

Über den Einfluß des Eintrittswinkels läßt sich nur so viel sagen, daß bei geringen Geschwindigkeiten, wie sie die üblichen Handelsschiffe aufweisen, zweifellos ein geringer Wert anzustreben ist, also hohle Wasserlinien im Vorschiff. Sonst ist die Form 5 über weite Bereiche als Optimum anzusprechen (runde Wasserlinienform), und bei Froudeschen Zahlen ~ 0,28 weisen die mäßig geraden Formen infolge der größeren angenommenen Völligkeit Vorzüge auf. Das Grundkurvenblatt gestattet noch besser als eine abgeschlossene Widerstandskurve in den oszillierenden Charakter des Wellenwiderstandes einzudringen.

VIII. Verschärfte Schiffe.

Für die betrachteten Formen $\varkappa = 1$ ist der Charakter der CWL und der Deplacementskurve identisch, da $\delta = \alpha \beta$, $\alpha = \delta/\beta$. Wir hatten schon gesehen, daß man mit einfachen Hilfsmitteln $\beta(\xi)$ als Funktion der Länge darstellen kann und hierdurch eine gute Annäherung an wirkliche Schiffsformen entsteht. Die Gleichung der Deplacementskurve lautet in diesem Falle

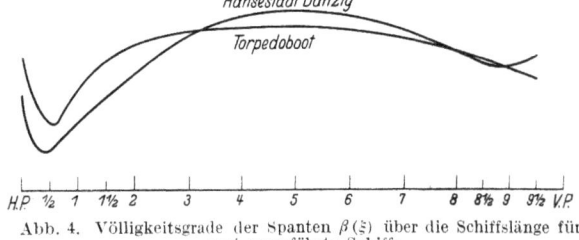

Abb. 4. Völligkeitsgrade der Spanten $\beta(\xi)$ über die Schiffslänge für zwei ausgeführte Schiffe.

$$y = \mathrm{WL}\, \varphi(\zeta)[1 - c_1 v(\xi)\, \varphi_1(\zeta)],$$
$$w = \int_0^1 y\, d\zeta = \mathrm{WL} \cdot \beta - \mathrm{WL}\, v(\xi)\, c_1 \int_0^1 \varphi(\zeta)\, \varphi_1(\zeta)\, d\zeta.$$

Die angegebene Operation schafft im Widerstandsintegral Glieder, welche seinen Betrag wesentlich verringern; mit anderen Worten: wir erhalten wesentlich ökonomischere Schiffsformen. Eine flüchtige Betrachtung der Deplacementsskala lehrt jedoch, daß durch die einfache Beziehung

$$\beta_\otimes c_1' = c_1 \int_0^1 \varphi(\zeta)\, \varphi_1(\zeta)\, d\zeta, \qquad c_1' = \frac{c_1}{\beta_\otimes} = \text{konst.}$$
$$w = \mathrm{WL} \cdot \beta [1 - c_1'\, r(\xi)]$$

---

[1] $\sqrt{\dfrac{\delta}{\beta}}\, L$ „Ship form resistance and screw propulsion".

18   Anwendungen der Michellschen Widerstandstheorie.

wieder eine Form $\varkappa = 1$ entsteht. Einen äquivalenten Ausdruck J würden wir durch die Beziehung

$$J = \iint y' e^{-\beta \zeta} \sin \gamma \xi \, d\xi \, d\zeta, \quad c_1' = \frac{c_1 \int_0^1 \varphi(\zeta) \varphi_1(\zeta) e^{-\beta \zeta} d\zeta}{f(\beta)} = c_1 \mu(\beta)$$

darstellen können. Hieraus ersieht man, daß die Formen $\varkappa = 1$ in bezug auf den Widerstand gegenüber üblichen Schiffsoberflächen nicht nachteilig zu sein brauchen, falls die entsprechende Wasserlinie gewählt ist[1] — natürlich eine Folgerung der Theorie, die nur mit ganz geringen Abweichungen der Strömung von der Horizontalen rechnet. Für den Ritzschen Ansatz hat die Annahme $\varkappa = 1$ große Vorzüge. Um jedoch den Anschluß an praktisch ausgeführte Formen zu erhalten, gehen wir zur Untersuchung der verschärften Schiffe über (Gleichungen und Beispiele s. Anhang S. 32, 33).

Das Ergebnis der Untersuchungen bestätigt wieder die dominierende Bedeutung der Deplacementskurve; der Einfluß der Spantform hat bei üblichen Annahmen die Größenordnung eines Korrekturwertes. Hieraus ergeben sich sehr weite Anwendungsmöglichkeiten für die Bestimmung von Deplacementskurven (also auch Schiffen) geringsten Widerstandes.

IX. Unsymmetrie.

Das Diagramm (Anhang S. 41) zeigt den Einfluß der Unsymmetrie, welche für die Oberflächengleichung

$$\eta = (1 - \xi^4)(1 - c_0 \xi^2)(1 - g_0 \xi^3)$$

durchgeführt ist. Auch diese Betrachtung lehrt, daß die größte Aufmerksamkeit auf die Schiffsform bei mäßig schnellen Geschwindigkeiten zu legen ist, denn hier sind die Widerstandswerte infolge der Unsymmetrie **absolut** höher als bei ganz hohen Geschwindigkeiten. Prozentual macht für unser Beispiel bei 12 m/sec und $L = 100$ m die Widerstandsvermehrung etwa 3% aus. Der Zusammenhang zwischen dem Verschiebungsfaktor g_0 und der Auswanderung des Schwerpunktes der Verdrängung aus dem Hauptspant wird durch folgende Beziehung angegeben

$$\xi_0 = \frac{x_0}{L/2} = -g_0 \cdot \frac{4\left(\frac{1}{21} - \frac{c_0}{45}\right)}{0{,}8 - \frac{4}{21} c_0} = -0{,}212 \, g_0.$$

Es ist zu beachten, daß der Faktor g_0 quadratisch das Widerstandsintegral bestimmt. Hierdurch kann die Widerstandsvermehrung für größere g_0 leicht bis zu 10% anwachsen, und es fragt sich, ob z. B. das übermäßige Verschieben von F vor das Hauptspant bei schärferen Frachtschiffen, wo große Formwiderstandsverluste dazu nicht nötigen, wie bei sehr dicken Formen, noch berechtigt erscheint; doch kann diese Frage an unserem vereinfachten Modell mit $\varkappa = 1$ wegen der beim wirklichen Schiff auftretenden Interferenzerscheinungen nicht entschieden werden.

---

[1] Und $c_1 \mu(\beta)$ geschickt durch eine Konstante ersetzt wird.

Die Auswertung für die unsymmetrische Form erfolgt ganz analog der für die symmetrische, nur lauten die Integrale
$$M'_{2n} = \int \xi^{2n} \cos \gamma \xi \, d\xi.$$
Tabellen der Grundfunktionen, Grundkurve und Rechnungsbeispiel sind im Anhang wiedergegeben, S. 36 und 41.

X. Schiffe geringsten Widerstandes [1].

Die theoretische Lösung legt die Frage nahe, ob mit unserer Methode die Form des geringsten wellenbildenden Widerstandes gefunden werden kann. Diese Aufgabenstellung erfordert zuerst eine Präzisierung. Mathematisch gesprochen liegt ein Variationsproblem vor, indem wir das Minimum unseres Widerstandsintegrals bei Erfüllung gewisser Nebenbedingungen zu finden haben. Der Ausdruck von R, welcher von der Froudeschen Zahl als der unteren Grenze des Integrals bestimmt wird, zeigt, daß selbstverständlich Minimalformen nur für jeweilig bestimmte Geschwindigkeiten möglich sind. Da auch die Länge L in die Froudesche Zahl eingeht, der Tiefgang in sehr verwickelter Form unter dem Integranden erscheint, die Breitenabhängigkeit als quadratisch bekannt ist, wollen wir unsere Aufgabe wesentlich eingeschränkt stellen: es ist für gegebene Geschwindigkeiten und Hauptabmessungen der zweckmäßigste Völligkeitsgrad und die günstigste Form zu bestimmen.

Die exakte Lösung der vorliegenden Variationsaufgabe stößt auf unüberwindliche Schwierigkeiten, d. h. unlösbare Differentialgleichungen; wir greifen deshalb zu der Ritzschen Methode, welche das Variationsproblem durch die Annahme von Funktionen, die den Randbedingungen genügen, und einer Anzahl Parameter löst.

In unserm Falle erscheint dieser Ansatz besonders angebracht, da die gesuchten Funktionen der Oberfläche selbst Endzweck sind, nicht etwa wie in der Elastizitätslehre deren zwei Differentialquotienten (z. B. Spannungen), wobei die Genauigkeit leicht verloren gehen kann (s. Courant, Delfter Bericht 1924).

Auch das Ritzsche Verfahren wird uns Ergebnisse nur unter bestimmten Annahmen liefern, weil die Lösung bei der außerordentlichen Kompliziertheit der Schiffsoberfläche in hohem Maße von der Auswahl der Funktionen abhängt. Bevor wir den allgemeinen Ansatz aufstellen, wollen wir folgende Frage an einigen Beispielen besprechen:

1. Für bestimmtes δ günstigste Schiffsform finden.
2. Für bestimmte Form (Gleichung der Oberfläche) günstigstes δ bestimmen.

Die erste Aufgabe läßt sich für die einfachsten bekannten Fälle direkt durch Vergleich der Widerstandskurven erledigen. Wir könnten auch die Ritzschen Funktionen aus unsern bekannten Wasserlinienformeln wählen und wie folgt ansetzen:
$$\eta = a_1 \eta_1 + a_2 \eta_2 + \cdots,$$
doch wird das Ergebnis trivial sein.

---
[1] Anhang S. 46—48.

Im Anhang (s. S. 46) sind für folgende Fälle die Ansätze teils durchgeführt, teils angedeutet:

a) Für unsere Grundformen werden durch Variation des Parameters c_0 die günstigsten Völligkeitsgrade für einige Geschwindigkeiten gefunden. Am Beispiel

$$(1 - \xi^4)(1 - c_0 \xi^2)$$

erkennen wir von neuem, daß bei extremen Geschwindigkeiten der Völligkeitsgrad nicht zu klein ist, bei einer Froudeschen Zahl von $\varphi = 0{,}45$ sein Maximum erreicht und bei $\varphi = 0{,}3$ kleinere Werte annimmt (s. Abb. 5).

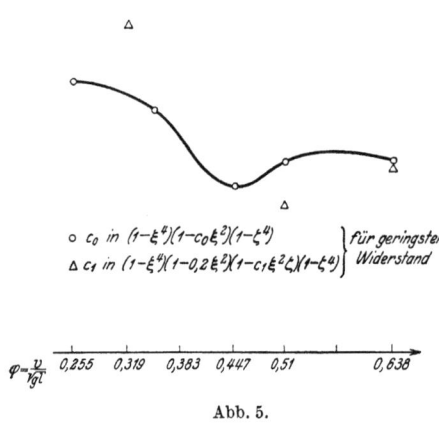

Abb. 5.

b) Mehr Interesse hat die Frage nach der günstigsten Zuschärfung c_1, deren Ergebnisse (s. Abb. 5) den unter a) erwähnten analog sind. Rechnerisch schwieriger ist die Aufgabe,

c) bei gegebenem δ die Verteilung der Spantflächen über die Schiffslänge zu untersuchen. Die Lösung wird im Anhang durch Variation nach den Parametern c, c_1 angedeutet, ebenso ließe sich

d) für bestimmte Hauptspantformen günstigste Form und Völligkeit des Schiffes durch Variation c, c_1 erreichen.

e) Die Frage nach dem geringsten spezifischen Widerstand ist auch in der Anlage skizziert.

Wir müssen uns vor Augen halten, daß wir auf diesem Wege immer nur relative Minima, die durch die Annahmen bedingt sind, erhalten. Günstige Formen, wie z. B. Wulststeven, erfordern Glieder besonderen Typus, die man schon kennen muß, um sie in den Ansatz bringen zu können. Unter dieser Voraussetzung sind wir prinzipiell in der Lage, innerhalb des Geltungsbereichs der Michellschen Theorie die allgemeine Lösung für das Schiff geringsten Widerstandes anzugeben und das Problem damit auf ein rein numerisches zu reduzieren. Wir greifen wieder auf die Beziehung für die Schiffsoberfläche $\varkappa = 1$ zurück.

$$\eta = (1 - \sum c_i \xi^i)\,\varphi(\zeta).$$

Wegen der Form der Abhängigkeit des Integrals R von $\beta_\otimes$ muß immer eine Nebenbedingung eingeführt werden, die ein vernünftiges Deplacement sicherstellt, da z. B. für

$$\beta_\otimes \to 0 \qquad R \to 0,$$

womit das Problem seinen Sinn verliert. Wir legen daher

$$\delta = \iint \eta \, d\xi \, d\zeta \quad \text{oder} \quad \beta_\otimes = \int_0^1 \varphi(\zeta)\, d\zeta$$

fest.

Das Minimum von R wird ebenso wie in den Spezialfällen durch

$$\delta R = 0, \quad \frac{\partial R}{\partial c_1} = \frac{\partial R}{\partial c_2} = \cdots = 0$$

gegeben.

Deuten wir $y = w$ als Deplacementskurve, wobei

$$a_i = c_i \int_0^1 \varphi(\zeta)\, d\zeta \quad \text{für} \quad \varkappa = 1,$$

so ergeben uns die Bedingungen

$$\frac{\partial R}{\partial a_1} = \frac{\partial R}{\partial a_2} = \cdots = 0$$

gleich die günstigsten Deplacementskurven für bestimmte Geschwindigkeiten, welche auch für wirkliche Schiffsformen $\varkappa \neq 1$ von einiger Bedeutung sein können.

Für diesen allgemeinen Fall ist die Behandlung insofern umständlicher

$$\eta = 1 - \sum c_i \xi^i \varphi_i(\zeta),$$

als das Resultat in hohem Maße von der Wahl der $\varphi_i(\zeta)$ abhängt, wodurch eine große Anzahl von Ausgangsfunktionen bedingt sein kann. Haben wir diese $\varphi_i(\zeta)$ etwa aus unsern induktiv gefundenen Oberflächengleichungen bestimmt, so löst auch hier wieder der Ansatz das Problem:

$$\frac{\partial R}{\partial c_1} = \frac{\partial R}{\partial c_2} = \cdots = 0.$$

Zusammenfassend kann erwartet werden, daß wir in der Ritzschen Methode, angewandt auf die Michellsche Theorie, ein mächtiges Hilfsmittel zur Erzielung guter Schiffsformen insbesondere zur Aufstellung prinzipieller Richtlinien für Schleppversuche haben, wenn auch wegen der einschneidenden vereinfachenden Annahmen von einer endgültigen Lösung nicht die Rede sein kann.

XI. Wulststeven.

Schon die Taylorschen Standardversuche waren mit stark gerundetem Vorsteven durchgeführt. Die guten Modellergebnisse der „Bremen" und der „Europa" haben diese Wulstformen wieder in den Vordergrund des Interesses gebracht. Es sei daher versucht, im folgenden prinzipiell ihre Wirkung zu erklären. Auf eine senkrechte Tangente muß, um unsere Theorie anzuwenden, verzichtet werden. Dagegen lassen sich mit Parabeln sehr hoher z. B. 100. Ordnung die prinzipiellen Effekte gut verfolgen, wobei aus Gründen der Exaktheit die Schiffsbreite als sehr klein angenommen werden soll, um selbst für den Wulst den Eintrittswinkel nicht zu groß werden zu lassen.

Die Skizze (Abb. 6) veranschaulicht den Verlauf der Wasserlinien an den Schiffsenden für die Formel

$$y = (1 - \xi^2)[1 + 5(\xi^{100} + \xi^{101})].$$

Wollen wir nur am Bug eine Wulstform erzielen, so addieren wir eine ungerade Potenz des nächsthöheren Grades, welche die Heckanschwellung praktisch beseitigt. Die Lösung der Aufgabe beruht im wesentlichen auf Auswertung der Integrale JI, welche wegen der starken Veränderlichkeit des Integranden in den Endbereichen einige numerische Schwierigkeiten macht, sonst aber genau den früher besprochenen Rechnungen für Wasserlinien gleicht.

Wir sehen für gewisse Bereiche die Anschwellungen derart interferieren, daß die Widerstände wesentlich herabgesetzt werden, während sie für andere Bereiche wachsen können. Ein Gewinn von 5—10% wäre nach den Rechnungsergebnissen

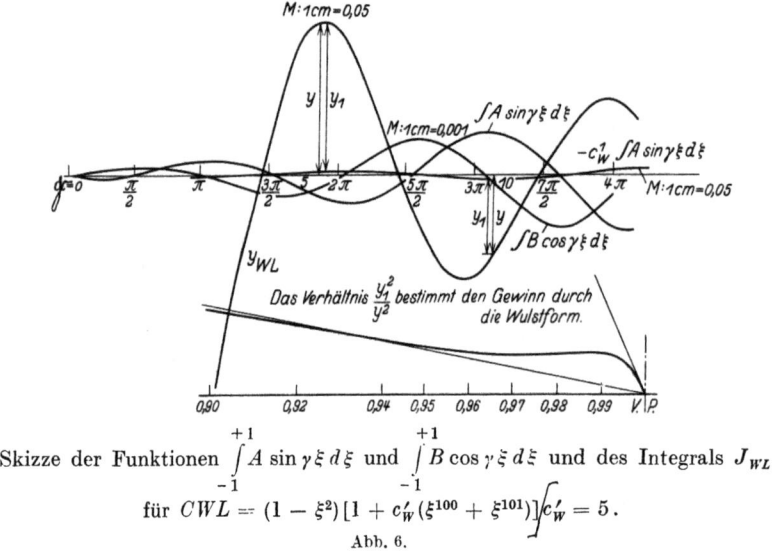

Skizze der Funktionen $\int_{-1}^{+1} A \sin \gamma \xi \, d\xi$ und $\int_{-1}^{+1} B \cos \gamma \xi \, d\xi$ und des Integrals J_{WL}
für $CWL = (1-\xi^2)[1 + c'_W(\xi^{100} + \xi^{101})] c'_W = 5$.
Abb. 6.

zu erzielen, doch ist absichtlich von einer exakten numerischen Behandlung abgesehen worden, weil die andern Untersuchungen vermuten lassen, daß der Interferenzeffekt in natura nicht so ausgeprägt zur Geltung kommt.

XII. Hauptabmessungen.

a) Breite.

Der Einfluß der Breite wurde in Anlehnung an die Wigleyschen Versuche besprochen. Die Schleppkurven von Kent, welche die Abhängigkeit des Widerstandes von der Breite zeigen (TINA 1919), gestatten leider keine exakten Schlüsse, weil der Reibungswiderstand mit einbezogen ist. Für große Breiten und Geschwindigkeiten kann man bei einigem guten Willen eine quadratische Abhängigkeit herauskonstruieren. Auch die Diagramme von Taylor ermöglichen bei unveränderlichen sonstigen Abmessungen und Völligkeitsgraden die experimentell gefundene Abhängigkeit des Widerstands von der Breite mit Hilfe des Deplacementsfaktors festzustellen. Wir erhalten hier statt der quadratischen Beziehungen recht allgemein eine Potenz von 1,6. Innerhalb der üblichen Verhältnisse von L zu B ist die Abweichung von der Theorie nicht übermäßig hoch, z. B. beim Übergang von 9 auf 10 beträgt er etwa 5%. Unsere Widerstandskurven sind deswegen, um einen besseren Vergleich zu ermöglichen, für verschiedene L zu B aufgetragen, wobei bei den geringeren Werten die Übereinstimmung besser ist.

Da aber in den Taylorschen Kurven der Deplacementsfaktor zusammen mit δ/β nicht eindeutig die Schiffsform bestimmt, so entstehen Schwierigkeiten; hier kann eine endgültige Kritik der Theorie nur durch speziell angestellte exakte Modellversuche erreicht werden.

b) Tiefgang.

In unsern aus Parabeln bestehenden Schiffsformen erscheint der Tiefgang vor dem Widerstandsintegral im Quadrat. Da jedoch unterhalb des Integralzeichens eine vom Tiefgang abhängige Funktion steht, ist das Gesetz der Widerstandsbeeinflussung von der Froudeschen Zahl abhängig. Die Diagramme von Havelock und unser Beispiel zeigen mit genügender Deutlichkeit, wie für extreme Formen die Annäherung an das quadratische Gesetz gilt, für mittlere eine Proportionalität der 1. Potenz festgestellt werden kann, während für ganz geringe Geschwindigkeiten der Tiefgang eine untergeordnete Rolle spielt — ein Ergebnis, welches durch systematische Schleppversuche mit Handelsschiffmodellen häufig bestätigt worden ist. Die Maxima und Minima in der Widerstandskurve behalten unabhängig vom Tiefgang dieselbe Lage bei[1].

Einfluß des Tiefganges.

Beispiel für $L = 100$ m

$$R_2 : R_4 : R_8 = T_2^2 : \varepsilon_4 T_4^2 : \varepsilon_8 T_8^2.$$

		$\int \Sigma^2 f^2(\beta) f(\lambda) d\gamma$			ε			$\varepsilon_4 : \varepsilon_8$
$\mathfrak{B}$	T	2 m	4 m	8 m	2 m	4 m$_{\varepsilon_4}$	8 m$_{\varepsilon_8}$	
20 m/sec ...		0,1406	0,1223	0,0784	1	0,87	0,557	1 0,642
11 m/sec ...		0,0337	0,0254	0,0141	1	0,715	0,43	1 0,57

c) Länge.

Der dominierende Einfluß der Länge, der alte Grundsatz, daß Länge läuft, erhellt aus den beigefügten Diagrammen zur Genüge. Nur bei ganz großen Froudeschen Zahlen, welche im Gebiet der Gleitwirkung liegen, könnte eine Verringerung der Länge Widerstandsverbesserung erbringen, weil man über den ersten Buckel der Widerstandskurve hinauskommt; für die φ in diesem Bereich hat die Theorie jedoch keinen praktischen Wert mehr. Auch im Bereich der zweiten, allgemein in Zonen positiver Interferenzwellen, für $\varphi = 0,3$—$0,35$ kann eine Längenvergrößerung erfolglos bleiben.

Die wichtige Frage der wellenbildenden Länge ist schon von Havelock im Jahre 1925 dahin entschieden worden, daß sie von der Geschwindigkeit abhängig ist, jedoch nicht in so hohem Maße, wie einige Autoren es annehmen. Die Unhaltbarkeit der Bakerschen Formel für Bestimmung der Höcker in der Widerstandskurve ergab sich schon aus der Diskussion der Grundkurven.

---

[1] Die wichtige Frage des Ballasttiefganges läßt sich generell ohne Schwierigkeiten lösen. Es ist vielleicht angebracht, an dieser Stelle wieder auf den großen Vorzug der angenäherten Integration hinzuweisen. Dem Verfasser war die Havelocksche Arbeit, welche sich speziell mit dem Tiefgangseinfluß befaßt, nicht bekannt, als er das wiedergegebene Beispiel durchrechnete — solche Betrachtungen ergeben sich bei der numerischen Auswertung „ganz von selbst".

XIII. Widerstandskurven[1].

Zuerst sei ein Vergleich unserer vereinfachten Schiffsformen mit den Taylorschen Diagrammen besprochen. Im Bereich der ersten Welle ist die Übereinstimmung als gut zu bezeichnen, dagegen erscheint der zweite Höcker wesentlich übertrieben, ebenso der ganze untere Verlauf der Kurve, welcher gerade von praktischem Interesse ist. Wir gehen deswegen zur Diskussion der Ergebnisse mit unsern zugeschärften Schiffen über; schon der Verlauf der Grundkurve (s. Anhang S. 40) bestätigt, daß, wie vorher im Bereich extremer Geschwindigkeiten, keine Abweichung gegenüber $\varkappa = 1$ eintritt, wir also nach wie vor gute Übereinstimmung zwischen Theorie und Versuch haben. Die interessanteren Gebiete von Froudeschen Zahlen $\varphi = 0{,}2 - 0{,}35$ zeigen folgendes:

für $\varphi = 0{,}2 - 0{,}3$ ist die Übereinstimmung zwischen Theorie und Versuch gut, der zweite Höcker verschwindet, wie schon vermutet war, dagegen weist das Gebiet der Höhlung einen großen Abfall gegenüber dem Versuch auf. Zur Erklärung dieser sehr wichtigen Tatsache sind folgende Betrachtungen zu machen:

a) die Wigleyschen Versuche bestätigen, daß die Natur die günstigen Interferenzgebiete nicht mitmacht (s. S. 6), deswegen müßte das Loch in der Widerstandskurve verschwinden;

b) darüber hinaus macht die Untersuchung eines noch stärker verschärften Schiffes nach der Gleichung

$$(1 - \xi^4)(1 - 0{,}2\,\xi^2)(1 - \xi^2\zeta)\,\varphi(\zeta)$$

es wahrscheinlich, daß das Fehlen der positiven Interferenzwirkungen sich ganz allgemein auf den Kurvenverlauf auswirkt, d. h. die günstigen Ergebnisse der Zuschärfungsfunktionen nicht voll eintreten;

c) die Taylorschen Formen sind wegen ihrer hohlen Struktur günstig für Froudesche Zahlen bis $\varphi = 0{,}27$, darüber hinaus jedoch ungünstiger als unser Modell nach der Gleichung

$$(1 - \xi^4)(1 - c_0\,\xi^2)\,\varphi(\zeta)(1 - c_1\,\xi^2\,\zeta),$$

diese Vermutung wurde schon durch den Vergleich mit anderen experimentellen Daten nahegelegt, und bestätigt sich durch Untersuchung des neuen verschärften Schiffes

$$(1 - \xi^4)(1 - 0{,}857\,\xi^2)(1 - 0{,}5\,\xi^2\,\zeta)\,\varphi(\zeta),$$

d) um eine bessere Übereinstimmung zu erzielen, wäre vielleicht die Berücksichtigung der Unsymmetrie berechtigt; gerade in den fraglichen Gebieten ist sie ja von besonderer Bedeutung.

e) Die von Wigley konstatierte Voreilung der Buckel in der Michell-Kurve bestätigt sich auch hier.

Man könnte versuchen, schon in den Verlauf der Grundkurve eine Korrektur für die Abweichungen durch Interferenzwirkungen hineinzubringen, doch ist solch eine Verbesserung nur auf Grund ausgezeichneten Versuchsmaterials zulässig.

Zwei weitere Beobachtungen, welche Theorie und Praxis in guten Einklang zeigen, seien kurz erwähnt.

---
[1] Anhang S. 45, 46.

a) *U*-Spant kontra *V*-Spant. Extreme *U*-Spantenschiffe haben, ohne Propeller geschleppt, einen höheren Widerstand als gute *V*-Spantenschiffe (hier liegt kein Widerspruch gegenüber unsern Ergebnissen S. 14 vor, weil hier der Unterschied im Koeffizienten $\varkappa = 1$ oder mit andern Worten der Deplacementsskala den Einfluß der reinen Spantenformen weit überwiegt — eine Bestätigung für die Wichtigkeit der Zuschärfung). Es ist vielleicht angebracht, im Anschluß an dieses Beispiel zu erwähnen, wie der Propeller im Endergebnis den Propulsionswirkungsgrad entscheidend bestimmt, so daß die günstigere Schiffsform (ohne Schraube) gegenüber der ungünstigeren in Nachteil gerät[1].

b) Als im Einklang mit der Theorie stehend kann die Schwerpunktsregel angesehen werden:

1. für völlige Schiffe *V* wesentlich vor Hauptspant,
2. mittelscharfe Schiffe *V* im Hauptspant,
3. scharfe schnelle Schiffe *V* hinter Hauptspant;

denn für 1. tritt durch Unsymmetrie bedingte Wellenbildung gegenüber Formwiderstand und gutem Zustrom zum Propeller zurück; für 2. ist Unsymmetrie tunlichst zu vermeiden, wegen des Widerstandsmaximums; für 3. wird die zusätzliche Wellenbildung durch Schwerpunktverschiebung wieder irrelevant.

Dieser Plausibilitätsbetrachtung ist natürlich nicht die Bedeutung eines Beweises beizulegen.

Zusammenfassend kann gesagt werden, daß die Ergebnisse der Theorie und des Versuches ganz gut übereinstimmen, doch erfordern die Unstimmigkeiten in der Breitenabhängigkeit und in der Interferenz genaues neues Versuchsmaterial.

XIV. Zusammenfassung.

1. Die Michellsche Theorie und ihre Anwendungen durch Havelock und Wigley werden besprochen.

2. Anläßlich der Widerstandsuntersuchungen ergibt sich das Resultat, daß Unterwasserschiffe exakt durch Gleichungen wiedergegeben werden können (in der Arbeit nur für rechteckige Längskonturen angedeutet).

3. Die Auswertung des Michellschen Integrals geschieht am besten mit Hilfe von Zwischenfunktionen des Typs

$$M = \int_0^1 f(\xi) \sin \gamma \xi \, d\xi,$$

$$M' = \int_0^1 f(\xi) \cos \gamma \xi \, d\xi,$$

welche Michell-Funktionen genannt sind, und durch Einführung von Restgliedern.

4. Die Theorie erklärt richtig in Vorzeichen und Größenordnung verschiedene Phänomene, wie Einfluß von Form und Völligkeit der CWL, des Hauptspants, der Deplacementsskala, der Hauptabmessungen, der Wulststeven und Wulstquerschnitte; sie gibt Hinweise auf den Einfluß der Unsymmetrie und gestattet

---

[1] Diese wichtige Frage ist ein Schulbeispiel für die Unzulänglichkeit vieler systematischer Modellversuche; siehe auch Kempf: Werft Reederei Hafen 1929.

der Frage des Schiffes geringsten Widerstandes rechnerisch näherzutreten, generell ergibt sich die Möglichkeit, die Unterwasserschiffsformen aus einem Variationsprinzip abzuleiten und damit die Fragen der günstigsten Schiffslinien unter den allgemeinsten mechanischen Gesichtspunkten zu behandeln. Die Widerstandskurven zeigen, soweit Versuchsmaterial zugänglich ist, quantitativ gute Übereinstimmung durch Einführung der verschärften Schiffsformen; ausgenommen sind die positiven Interferenzgebiete. Die Untersuchung von Formen mit $\varkappa = 1$ ist unzweckmäßig.

5. Ein endgültiges Urteil über den Genauigkeitsgrad der Theorie läßt sich erst durch exakte Modellversuche mit mathematisch bestimmten Schiffen fällen, doch wird schon jetzt die Hoffnung ausgesprochen, daß für etwaige systematische Modellversuche nur analytisch definierte Modelle angewandt werden.

Zum Schluß verbleibt dem Verfasser die angenehme Pflicht, Herrn Professor Dr.-Ing. Erbach und der Gesellschaft von Freunden der Danziger Hochschule, ohne deren freundliche Unterstützung die Arbeit nicht hätte durchgeführt werden können, seinen aufrichtigsten und herzlichsten Dank auszusprechen; desgleichen dankt er Herrn Dipl.-Ing. Oebius, welcher ihm bei den umfangreichen numerischen und graphischen Auswertungen tatkräftig geholfen hat.

Literatur.

Michell: Phil. Mag. London 1898.
Baker: Ship form resistance and screw propulsion.
Courant: Methoden d. Math. Physik I.
Föttinger: SBTG 1924.
Havelock: Proceedings of the Royal Society London (1908, 09, 10, 13/14) 17, 19, 1923, 1925.
Hogner: Delfter Berichte 1924. Arkiv för Matematik, Astronomi ok Fysik 1924/25; 1928.
F. Horn: Theorie des Schiffes, Auerbach u. Hort: Handbuch d. Mechanik V.
A. v. Keil: Schiffbau 1928.
Kent: TINA 1915; 1919.
Lamb: Hydrodynamics.
H. Lorenz: Beitrag zur Theorie des Schiffswiderstandes. V. d. I. 1907.
Pophanken: Über die Natur der Schiffslinien. Diss. T. H. Danzig 1922.
H. v. Sanden: Praktische Analysis.
Schlömilch: Analysis.
Taylor: Speed and power of ships.
Wigley: TINA 1926, 1927.

Anhang.

Das Geschwindigkeitspotential wird nach Michell wie folgt angesetzt:
$$\Omega = -vx + \Phi. \tag{1}$$

Aus dieser Form und der Bedingung der kleinen Neigungswinkel folgt, daß Φ klein ist und wir die Quadrate der Ableitungen dieser Funktion im Verhältnis zu den ersten Potenzen vernachlässigen können oder, mit andern Worten die Quadrate der durch das Schiff hervorgerufenen Geschwindigkeiten gegenüber den ersten Potenzen als unwesentlich zu betrachten haben. Die kinematische Randbedingung für die Oberfläche ergibt, wenn wir die Erhebungen und Absenkungen mit ζ_0 bezeichnen, folgende Beziehung

$$\frac{\partial \Phi}{\partial z} = -v \cdot \frac{\partial \zeta_0}{\partial x}, \tag{2}$$

hier ist das Produkt $\frac{\partial \zeta_0}{\partial x} \cdot \frac{\partial \Phi}{\partial z}$ ebenso eine Größe zweiter Ordnung und ist weggefallen. Die Bernoullische Gleichung ergibt nach Fortfall der quadratischen Zusatzglieder die einfache Beziehung für die Oberflächen

$$\frac{p}{\varrho} + \frac{q^2}{2} - g\zeta_0 = \frac{p_0}{\varrho} + \frac{v^2}{2} = \text{const},$$

$$q^2 = v^2 - 2v\frac{\partial \Phi}{\partial x},$$

$$v\frac{\partial \Phi}{\partial x} + g\zeta_0 = 0 \tag{3}$$

oder mit (2)

$$\left|\frac{\partial \Phi}{\partial z}\right|_{z=\zeta_0} = -\frac{v^2}{g}\left|\frac{\partial^2 \Phi}{\partial x^2}\right|_{z=\zeta_0} \tag{4}$$

Die Symmetriebedingung des Schiffes ergibt $\left|\frac{\partial \Phi}{\partial y}\right| = 0$ in allen Bereichen außerhalb des Schiffes; im Gebiet des Schiffsrumpfes lautet die Bedingung

$$\left|\frac{\partial \Phi}{\partial y}\right|_{y=\eta} = -v\frac{\partial \eta}{\partial x} = -v f'(x,y), \tag{5}$$

und für den Schiffsboden

$$z = h,$$
$$\frac{\partial \Phi}{\partial z} = 0.$$

Michell schlägt vor, die Randbedingung

$$\left|\frac{\partial \Phi}{\partial y}\right|_{y=\eta}$$

nicht für die Schiffsoberfläche sondern für die Mittschiffsebene zu erfüllen, ein Verfahren, welches ein Analogon in der Wellentheorie öfters findet, also

$$\left|\frac{\partial \Phi}{\partial y}\right|_{y=\eta} = \left|\frac{\partial \Phi}{\partial y}\right|_{y=0}.$$

Die Lösung des Problems, welches durch ein System orthogonaler Funktionen gegeben ist, beruht im wesentlichen in der Zerlegung der Randbedingung

$$f'(x,z)$$

in Fouriersche Reihen; wegen der Unzugänglichkeit des Originals sind die Gedankengänge Michells hier kurz wiedergegeben.

Die Lösung Φ erfolgt in der Form

$$a \cos n(z-h) \cos(mx + \alpha) \cos(py + \beta)$$

aus der Bedingung

$$\Delta \Phi = 0$$

wird

$$m^2 + n^2 + p^2 = 0$$

und mit (4)

$$n \cdot \operatorname{tg} nh = -\frac{v^2 m^2}{g}$$

für unendlich viele reelle Wurzeln und

$$n' \operatorname{Tg} n'h = \frac{v^2 m^2}{g}$$

als einzige imaginäre Wurzel.

Man setzt

$$f'(x,y) = \sum_r \sum_n \left\{ A_{rn} \cos\frac{\pi r x}{l} + B_{rn} \sin\frac{\pi r x}{l} \right\} \cos n(z-h)$$

r pos. ganze Zahl.

Das übliche Verfahren für Bestimmung der Fourierkoeffizienten ergibt

$$A_{rn} = \frac{4n}{l} \cdot \frac{1}{2nh + \sin 2nh} \int_0^h \int_{-l}^{+l} f'(x,z) \cos\frac{\pi r x}{l} \cos n(z-h)\, dx\, dz,$$

$$A_{rn'} = \frac{4n'}{l} \cdot \frac{1}{2n'h + \operatorname{Sin} 2n'h} \int_0^h \int_{-l}^{+l} f'(x,z) \cos\frac{\pi r x}{l} \cos n(z-h)\, dx\, dz,$$

hieraus

$$f'(x,z) = \sum_r \sum_n \frac{4n \cos n(z-h)}{l(2nh + \sin 2nh)} \int_{-l}^{+l} \int_0^h f(\xi,\zeta) \cos\frac{\pi r}{l}(\xi - x) \cos n(\zeta - z)\, d\zeta\, d\xi$$

$$+ \sum_r \frac{4n'}{l} \frac{\cos n(z-h)}{2n'h + \operatorname{Sin} 2n'h} \int_{-l}^{+l} \int_0^h f(\xi,\zeta) \cos\frac{\pi r}{l}(\xi - x) \cos n(\zeta - z)\, d\zeta\, d\xi,$$

indem wir statt x, z ξ, ζ setzen und durch

$$\cos(\xi - x)$$

alle Terme erfassen. Der einzigen imaginären Lösung entspricht nur die einfache $\sum$. Durch Grenzübergang $l \to \infty$ und für ∞ tiefes Wasser erhalten wir die endgültige Entwicklung für $f'(x,z)$.

Es ist besonders zu beachten, daß die Aufgabe bis zum gewissen Grade unbestimmt ist, weil man ein beliebiges System von freien Wellen einer partikulären Lösung überlagern kann, welches den Randbedingungen genügt. Michell hat einen Faktor eingeführt, welcher die divergierenden Wellen „nachschleifen" läßt, womit der Bedingung, daß das Schiff im ruhenden Wasser vorwärtsschreitet, Genüge getan ist.

$$\sin\left\{m(x-\xi) + m\sqrt{\frac{m^2 v^4}{g^2} - 1} \cdot y\right\}.$$

Wir wollen uns im weiteren Verlauf nur mit dem Widerstande beschäftigen, welcher infolge der günstigen mathematischen Eigenschaften der Potentialfunktion als ein einfaches Problem anzusprechen ist.

$$f'(x,z) = \frac{2}{\pi^2} \int_0^\infty \int_0^\infty \int_0^\infty \int_{-\infty}^{+\infty} f'(\xi,\zeta) \cos(nz-\varepsilon) \cos(n\zeta-\varepsilon) \cos m(\xi-x)\, d\xi\, d\zeta\, dm\, dn$$

$$+ \frac{2v^2}{\pi g} \int_0^\infty \int_0^\infty \int_{-\infty}^\infty f'(\xi,\zeta)\, m^2 e^{-km^2(z+\zeta)} \cos m(\xi-x)\, d\xi\, d\zeta\, dn\, ;$$

hierdurch erhält man erst brauchbare Formen für das Geschwindigkeitspotential

$$\Phi = \frac{2v}{\pi^2} \int_0^\infty \int_0^\infty \int_0^\infty \int_{-\infty}^\infty f'(\xi,\zeta) \frac{\cos(nz-\varepsilon)\cos(n\zeta-\varepsilon)}{\sqrt{m^2+n^2}} \cos m(\xi-x)\, e^{-\sqrt{m^2+n^2}y}\, d\xi\, d\zeta\, dm\, dn$$

$$+ \frac{2v^3}{\pi g} \int_{g/v^2}^\infty \int_0^\infty \int_{-\infty}^\infty f'(\xi,\zeta) \frac{m e^{-m^2 k(z+\zeta)}}{\sqrt{m^2 k^2 - 1}} \sin\left\{m(x-\xi) + m\sqrt{m^2 k^2 - 1}\, y\right\} d\xi\, d\zeta\, dn$$

$$+ \frac{2v^3}{\pi g} \int_0^{g/v^2} \int_0^\infty \int_{-\infty}^\infty f'(\xi,\zeta) \frac{m e^{-m^2 k(z+\zeta)}}{\sqrt{1 - m^2 k^2}} \cos m(\xi-x) \cdot e^{-m\sqrt{1-m^2 k^2}\, y}\, d\xi\, d\zeta\, dn.$$

Schreiben wir den Widerstand als Resultierende der durch die Wellenbildung erzeugten Druckkomponenten in Richtung der Mittschiffsebene hin

$$R = -2 \iint \delta p\, \frac{\partial \eta}{\partial x}\, dx\, dz, \qquad (1)$$

$$\delta p = \varrho v\, \frac{\partial \Phi}{\partial x} \quad \text{(Druckzunahme infolge der Wellenbildung)},$$

$$R = 2\varrho v \iint \left|\frac{\partial \Phi}{\partial x}\right|_{y=0} \frac{\partial \eta}{\partial x}\, dx\, dz$$

$$= \frac{4\varrho v^4}{\pi g} \int_{g/v^2}^\infty \int_{-\infty}^\infty \int_0^\infty \int_{-\infty}^\infty \int_0^\infty f'(x,z) f'(\xi,\zeta) \frac{m^2 e^{-m^2 k(z+\zeta)}}{\sqrt{m^2 k^2 - 1}} \cos m(x-\xi)\, dx\, dz\, d\xi\, d\zeta\, dm,$$

da in den anderen Quadraturen ungerade Funktionen unter den Integralzeichen stehen, also $= 0$ werden.

Die Formel für R lautet nach Zerlegung von $\cos m(x-\xi)$

$$R = \frac{4\varrho v^4}{\pi g} \int_{g/v^2}^\infty (I^2 + J^2) \frac{m^2\, dm}{\sqrt{m^2 k^2 - 1}} = \frac{4\varrho g^2}{\pi v^2} \int_1^\infty (I^2 + J^2) \frac{\lambda^2\, d\lambda}{\sqrt{\lambda^2 - 1}}.$$

Auswertung der Quadraturen.

$$\int_{-1}^{+1} \xi^{2k+1} \sin\gamma\xi \, d\xi = M_{2k+1},$$

$$\int_{-1}^{+1} \xi^{2k} \cos\gamma\xi \, d\xi = M'_{2k},$$

$$\int_0^1 e^{-\beta\zeta} \zeta^n \, d\zeta,$$

$$\int_{-1}^{+1} \xi^{2k} \sin\gamma\xi \, d\xi = 0,$$

$$\int_{-1}^{+1} \xi^{2k+1} \cos\gamma\xi \, d\zeta = 0,$$

da der Integrand eine ungerade Funktion ist.

Reduktionsformeln:

$$\int u^m \sin\gamma u \, du = -\frac{u^m \cos\gamma u}{\gamma} + \frac{m u^{m-1} \sin\gamma u}{\gamma^2} - \frac{m(m-1)}{\gamma^2} \int u^{m-2} \sin\gamma u \, du,$$

$$\int u^m \cos\gamma u \, du = \frac{u^m \sin\gamma u}{\gamma} + \frac{m u^{m+1} \cos\gamma u}{\gamma^2} - \frac{m(m-1)}{\gamma^2} \int u^{m-2} \cos\gamma u \, du,$$

$$M_1 = \int_{-1}^{+1} \xi \sin\gamma\xi \, d\xi = -\frac{2\cos\gamma}{\gamma} + \frac{2\sin\gamma}{\gamma^2},$$

$$M_3 = \int_{-1}^{+1} \xi^3 \sin\gamma\xi \, d\xi = -\frac{2\cos\gamma}{\gamma}\left(1 - \frac{6}{\gamma^2}\right) + \frac{2\sin\gamma}{\gamma^2} 3\left(1 - \frac{2}{\gamma^2}\right) \quad \text{usw.},$$

$$M'_0 = \int_{-1}^{+1} \cos\gamma\xi \, d\xi = \frac{2\sin\gamma}{\gamma},$$

$$M'_2 = \int_{-1}^{+1} \xi^2 \cos\gamma\xi \, d\xi = \frac{2\sin\gamma}{\gamma}\left(1 - \frac{2}{\gamma^2}\right) + \frac{2\cos\gamma}{\gamma^2} \cdot 2 \quad \text{usw.} \quad \text{(s. Tabelle)}$$

$$\int x^m e^{-\gamma x} dx = \left[-\frac{x^m}{\gamma} - \frac{m x^{m-1}}{\gamma^2} - \frac{m(m-1) x^{m-2}}{\gamma^3} - \cdots - \frac{m!}{\gamma^{m+1}}\right] e^{-\gamma x} + \text{const.}$$

$$\int_0^1 e^{-\beta\zeta} d\zeta = -\left|\frac{e^{\beta\zeta}}{\beta}\right|_0^1 = -\frac{e^{-\beta} - 1}{\beta},$$

$$\int_0^1 e^{-\beta\zeta} \zeta \, d\zeta = \left(-\frac{1}{\beta} - \frac{1}{\beta^2}\right) e^{-\beta} + \frac{1}{\beta^2},$$

$$\int_0^1 e^{-\beta\zeta} \zeta^2 \, d\zeta = \left(-\frac{1}{\beta} - \frac{2}{\beta^2} - \frac{2}{\beta^3}\right) e^{-\beta} + \frac{2}{\beta^3},$$

$$\int_0^1 e^{-\beta\zeta} \zeta^3 \, d\zeta = \left(-\frac{1}{\beta} - \frac{3}{\beta^2} - \frac{6}{\beta^3} - \frac{6}{\beta^4}\right) e^{-\beta} + \frac{6}{\beta^4}$$

usw.

Zusammenstellung der untersuchten WL- und Schiffsformen.
Symmetrisch:

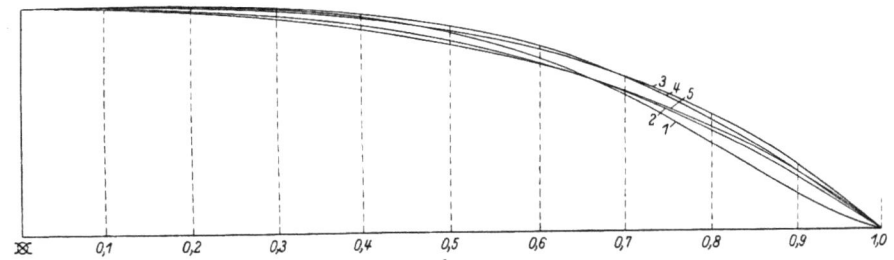

$WL1: (1 - \xi^4)(1 - 0{,}857\,\xi^4)$, $\quad WL2: (1 - \xi^4)(1 - 0{,}4\,\xi^2)$, $\quad WL3: (1 - \xi^4)(1 - 0{,}2\,\xi^2)$,
$\quad WL4: (1 - \xi^4)(1 - 0{,}4285\,\xi^4)$, $\quad WL5: (1 - \xi^2)(1 + 0{,}4285\,\xi^2)$.

Abb. 7.

a) $(1 - \xi^2)(1 + c_0 \xi^2) = 1 - (1 - c_0)\xi^2 - c_0 \xi^4 = f(\xi)$,

$f'(\xi) = -2(1 - c_0)\xi - 4 c_0 \xi^3 = -2[(1 - c_0)\xi + 4 c_0 \xi^3]$,

$y = \dfrac{B}{2} f(\xi)\varphi(\zeta)$, $\quad y' = \dfrac{\partial y}{\partial x} = \dfrac{\partial y \cdot 2}{L \cdot \partial \xi} = \dfrac{B}{L} f'(\xi)\varphi(\zeta)$;

b) $(1 - \xi^4)(1 - c_0 \xi^4) = 1 - (1 + c_0)\xi^4 + c_0 \xi^8$,

$f'(\xi) = -4(1 + c_0)\xi^3 + 8 c_0 \xi^7 = 4[-(1 + c_0)\xi^3 + 2 c_0 \xi^7]$;

c) $(1 - \xi^4)(1 - c_0 \xi^2) = 1 - c_0 \xi^2 - \xi^4 + c_0 \xi^6$,

$f'(\xi) = -2 c_0 \xi - 4 \xi^3 + 6 c_0 \xi^5 = -2[c_0 \xi + 2 \xi^3 - 3 c_0 \xi^5]$.

unsymmetrisch:

a) $(1 - \xi^4)(1 - c_0 \xi^2)(1 - g_0 \xi)$,

für Unsymmetrie kommen nur ungerade Glieder in Frage

$f_u(\xi) = +g_0(-\xi + c_0 \xi^3 + \xi^5 - c_0 \xi^7)$,

$f'_u(\xi) = +g_0(-1 + 3 c_0 \xi^2 + 5 \xi^4 - 7 c_0 \xi^6)$.

b) $(1 - \xi^4)(1 - c_0 \xi^2)(1 - g_0 \xi^3)$,

$f'_u(\xi) = g_0(-3\xi^2 + 5 c_0 \xi^4 - 7 \xi^6 + 9 c_0 \xi^8)$.

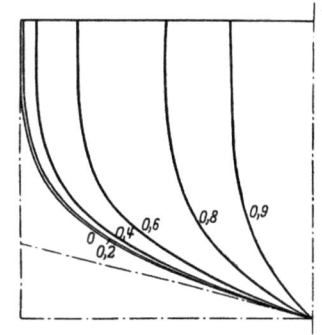 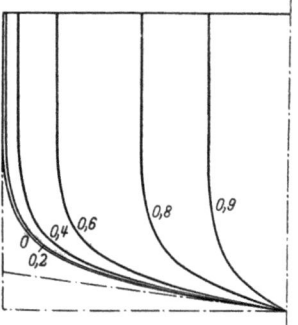

$\varphi(\zeta) = 1 - \zeta^4$, $\quad CWL = \dfrac{B}{2}(1 - \xi^4)(1 - 0{,}2\,\xi^2)$, $\quad \varphi(\zeta) = 1 - \zeta^8$,
$\beta_\xi = \beta = 0{,}8000$, $\hspace{12em} \beta_\xi = \beta = 0{,}8889$.

Abb. 8. Normalspantenrisse $\varkappa = 1$.

Veränderliche Spantvölligkeiten $\beta = \beta(\xi)$ **für** $\varkappa < 1$.

a) Schrägstellung:
$$y = \frac{B}{2}(1-\xi^4)(1-0.4\xi^2)(1-0.5\xi^2\zeta)(1-\zeta^4)(1+0.436\zeta^4),$$
$$\delta = 0.7238 \cdot 0.8$$

zerfällt in
$$\overline{WL} \times (1-\zeta^4)(1+0.436\zeta^4) - 0.5\xi^2 \cdot \overline{WL} \times \zeta(1-\zeta^4)(1+0.436\zeta^4),$$

dasselbe für
$$\overline{WL} = \frac{B}{2}(1-\xi^4)(1-0.2\xi^2).$$

b) Völligkeitsverminderung bei senkrechtem CWL-Einlauf:
$$y = \overline{WL}(1-\zeta^5)(1-c_2\xi^2\zeta^2) \quad \text{um} \quad \delta = 0.7238 \cdot 0.8 \quad \text{zu wahren.}$$
$$\iint y \cdot dx \cdot dz = \delta, \quad c_2 = 0.75.$$

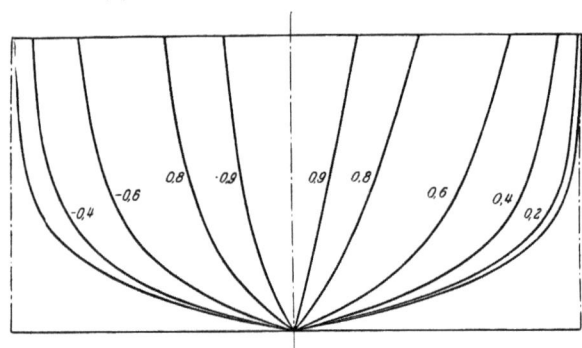

$$y = \frac{B}{2}(1-\xi^4)(1-0.4\xi^2)(1-\zeta^4)(1+0.436\zeta^4)(1-0.5\xi^2\zeta),$$
$$y = \frac{B}{2}(1-\xi^4)(1-0.4\xi^2)(1-\zeta^4)(1+0.436\zeta^4)(1-\xi^2\zeta).$$

Abb. 9.

Die Widerstandsintegrale lauten:

a) $$J_a = \frac{B}{l} \cdot \frac{L}{2} \cdot T \int_{-1}^{+1}\int_0^1 -2(\overline{1-c_0}\cdot\xi + 2c_0\xi^3)\sin\gamma\xi\varphi(\zeta)e^{-\beta\zeta}d\xi d\zeta$$
$$= -2BTf_1(\beta)[(1-c_0)M_1 + 2c_0M_3] = -2BTf_1(\beta)\Sigma_a,$$

c) $$J_c = -2BTf_1(\beta)[c_0M_1 + 2M_3 - 3c_0M_5] = -2BTf_1(\beta)\Sigma_c,$$

b) $$J_b = 4BTf_1(\beta)[-(1+c_0)M_3 + 2c_0M_7] = 4BTf_1(\beta)\Sigma_b,$$

für a und c
$$R = \frac{32\gamma'}{\pi} \frac{B^2T^2}{L} \int_{\gamma_0}^\infty f_1^2(\beta)\Sigma^2 f(\lambda)d\gamma,$$

für b
$$R = \frac{128\gamma'}{\pi} \frac{B^2T^2}{L} \int_\gamma^\infty f_1^2(\beta)\Sigma f(\lambda)d\gamma.$$

Für Unsymmetrie berechnet sich der zusätzliche Widerstand
$$R_u = C\int_{\gamma_0}^\infty I^2 f(\lambda)d\gamma = \frac{8\gamma'}{\pi}\frac{B^2T^2}{L}g_0^2\int_{\gamma_0}^\infty f^2(\beta)f(\lambda)\Sigma_u^2 d\gamma,$$

Anwendungen der Michellschen Widerstandstheorie.

da
$$I = BT \int_0^1 \int_0^1 \varphi(\zeta) e^{-\beta \zeta} f_u^1(\xi) \cos \gamma \xi \, d\zeta \, d\xi = BT f(\beta) g_0 \Sigma,$$

wobei
$$\Sigma_a = -M_0' + 3c_0 M_2' + 5 M_4' - 7 c_0 M_6',$$
$$\Sigma_b = -3 M_2' + 6 c_0 M_4' - 7 M_6' + 9 c_0 M_8'.$$

Für $\varkappa < 1$; $(\beta = \beta(\xi))$ wird

$$y' = f'(x,z) = \frac{B}{L}\left[f_1(\xi) \varphi_1(\zeta) - 0,5 \frac{\partial \cdot \xi^2 \cdot WL}{\partial \xi} \psi_2(\zeta)\right]$$

da WL nach Typ c) gewählt, wird

$$J = BT[-2 f_1(\beta) \Sigma_c + f_2(\beta)(M_1 - 2 c_0 M_3 - 3 M_5 + 4 c_0 M_7)] = BT[-2 f_1(\beta) \Sigma_c + f_2(\beta) \Sigma_2],$$

$$R = \frac{32 \gamma'}{\pi} \frac{B^2 T^2}{L} \int_{\gamma_0}^\infty [f_1(\beta) \Sigma_c + 0,5 f_2(\beta) \Sigma_2]^2 f(\lambda) \, d\gamma.$$

Rechnungsgang siehe Beispiel und Kurven S. 40—42.

Die Behandlung des Typs b) gestaltet sich analog.

a) und b) kombiniert ergeben brauchbare Deplacementskurven und Schiffsformen.

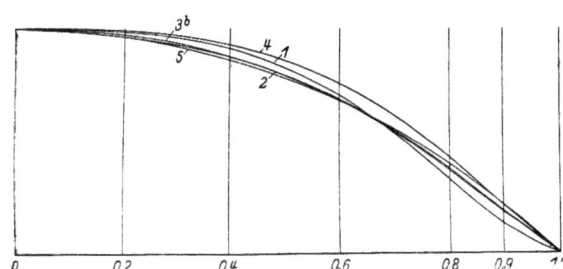 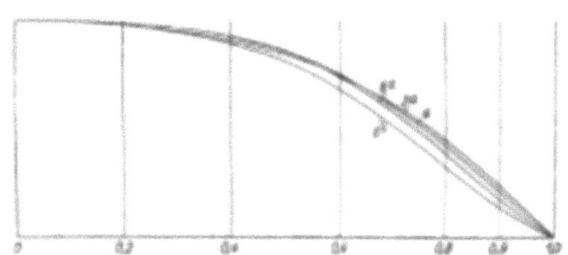

$\quad 1 \quad (1-\xi^4)(1-0,857\xi^4)(1+0,436\zeta^4)(1-\zeta^4)(1-0,5\xi^2\zeta),$
$\quad 2 \quad (1-\xi^4)(1-0,4\xi^2)(1+0,436\zeta^4)(1-\zeta^4)(1-0,5\xi^2\zeta),$
$\quad 3b \quad (1-\xi^4)(1-0,2\xi^4)(1+0,436\zeta^4)(1-\zeta^4)(1-\xi^2\zeta),$
$\quad 5 \quad (1-\xi^4)(1+0,4285\xi^2)(1+0,436\zeta^4)(1-\zeta^4)(1-0,5\xi^2\zeta),$
$\quad 3a \quad (1-\xi^4)(1-0,2\xi^4)(1+0,436\zeta^4)(1-\zeta^4)(1-0,5\xi^2\zeta),$
$\quad 4 \quad (1-\xi^4)(1-0,4385\xi^2)(1+0,436\zeta^4)(1-\zeta^4)(1-0,5\xi^2\zeta),$
$\quad 6a \quad (1-\xi^4)(1-0,6\xi^2)(1+0,436\zeta^4)(1-\zeta^4)(1-0,5\xi^2\zeta),$
$\quad 6b \quad (1-\xi^4)(1-0,6\xi^2)(1+0,436\zeta^4)(1-\zeta^4)(1-\xi^2\zeta).$

Abb. 10. Deplacementskurven.

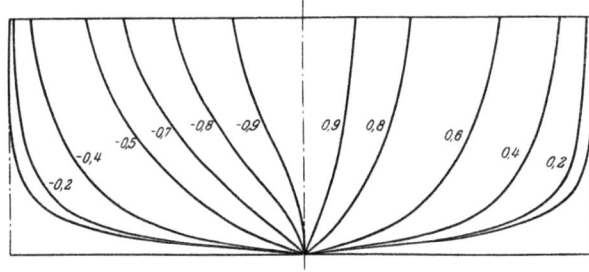

$$y = \frac{B}{2} CWL (1-\zeta^3)(1+c\zeta^3)(1+c_3\zeta^7)(1-c_1\zeta).$$

Abb. 11.

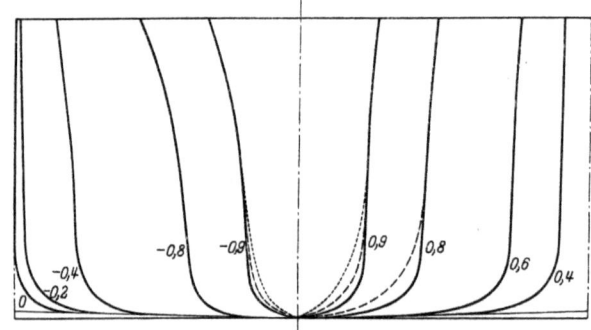

$$y = \frac{B}{2} e^{-(\zeta - 0.5\,\zeta^2 + c_7\,\zeta^7)} \cdot \overline{CWL} \cdot \bigotimes .$$

———— $c_7 = 0$, - - - - $c_7 = 0{,}2$, ·········· $c_7 = 0{,}5$.

Abb. 12.

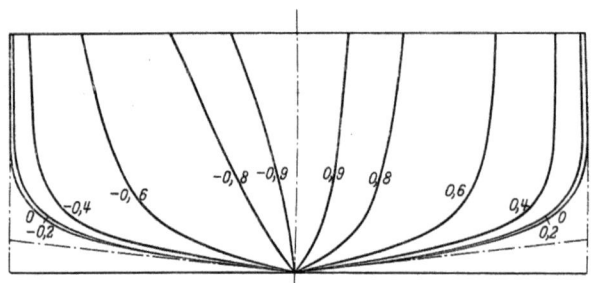

$$y = \frac{B}{2}(1-\xi^4)(1-0{,}4\,\xi^2)\,e^{-(\zeta+\zeta^2)(1,2\,\xi^4 - 0,8\,\xi^3)} \cdot (1-\zeta^8).$$

Abb. 13.

Tabelle I. Koeffizientenschema.
Tabelle der Funktionen M_i.

i	$A = -\dfrac{2\cos\gamma}{\gamma}$	$B = \dfrac{2\sin\gamma}{\gamma^2}$	$-\dfrac{1}{\gamma^2}A$	$-\dfrac{1}{\gamma^2}B$	$\dfrac{1}{\gamma^4}A$	$\dfrac{1}{\gamma^4}B$	$-\dfrac{1}{\gamma^6}A$	$-\dfrac{1}{\gamma^6}B$	$\dfrac{1}{\gamma^8}A$	$\dfrac{1}{\gamma^8}B$
1	1	1								
3	1	3	3.2	3.2.1						
5	1	5	5.4	5.4.3	5.4.3.2	5.4.3.2.1				
7	1	7	7.6	7.6.5	7.6.5.4	7.6.5.4.3	7.6.5.4.3.2	7!		
9	1	9	9.8	9.8.7	9.8.7.6	9.8.7.6.5	9.8.7.6.5.4	9.8.7.6.5.4.3	9!	9!

usw.

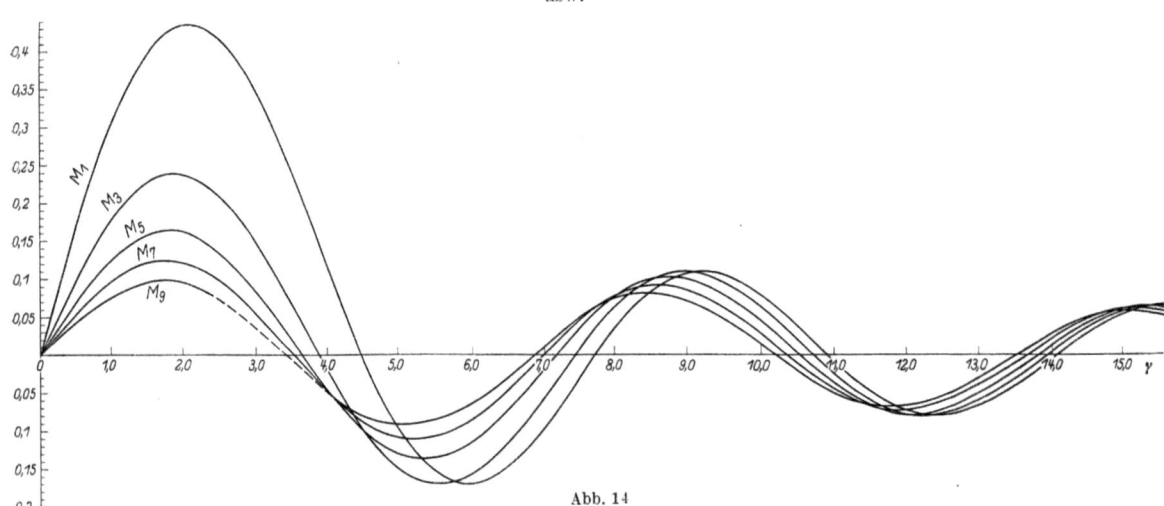

Abb. 14

Anwendungen der Michellschen Widerstandstheorie.

Tabelle der Funktionen M_i'.

	$C=\dfrac{2\sin\gamma}{\gamma}$	$D=\dfrac{2\cos\gamma}{\gamma^2}$	$-\dfrac{1}{\gamma^2}C$	$-\dfrac{1}{\gamma^2}D$	$\dfrac{1}{\gamma^4}C$	$\dfrac{1}{\gamma^4}D$	$-\dfrac{1}{\gamma^6}C$	$-\dfrac{1}{\gamma^6}D$	$\dfrac{1}{\gamma^8}C$	$\dfrac{1}{\gamma^8}D$
0	1	0								
2	1	2	2.1							
4	1	4	4.3	4.3.2	4.3.2.1					
6	1	6	6.5	6.5.4	6.5.4.3	6.5.4.3.2	6!			
8	1	8	8.7	8.7.6	8.7.6.5	8.7.6.5.4	8.7.6.5.4.3	8!		8!
10	1	10	10.9	10.9.8						

usw.

Tabelle II. M_i.

γ	$\int\xi\sin\gamma\xi\,d\xi$	$\int\xi^3\sin\gamma\xi\,d\xi$	$\int\xi^5\sin\gamma\xi\,d\xi$	$\int\xi^7\sin\gamma\xi\,d\xi$	$\int\xi^9\sin\gamma\xi\,d\xi$
1,0	0,30144	0,1761	0,1245	0,0966	
1,2	0,3443	0,2008	0,1405	0,1088	0,0861
1,4	0,3813	0,2195	0,15215	0,1180	0,0936
1,6	0,40823	0,2318	0,1597	0,1218	0,0956
1,8	0,42625	0,2375	0,1620	0,1239	0,0983
2,0	0,4353	0,2367	0,1620	0,1203	0,0947
2,2	0,433	0,2295	0,1535	0,1142	0,0879
2,4	0,423	0,2165	0,1405	0,1034	0,0789
2,5	0,41605	0,2081	0,1325	0,0931	
3,0	0,3456	0,1464	0,0825	0,05364	
3,5	0,2391	0,0648	0,0189	0,003375	
4,0	0,11598	−0,02203	−0,04542	−0,04797	
4,5	−0,0012	−0,09745	−0,097895	−0,08705	
5,0	−0,09497	−0,1491	−0,1291	−0,1078	
5,5	−0,15202	−0,1685	−0,1338	−0,10595	
6,0	−0,167785	−0,1551	−0,11257	−0,083	
6,5	−0,14495	−0,11415	−0,07075	−0,04447	
7,0	−0,0942	−0,056	−0,0177	0,001355	
7,5	−0,02955	0,00694	0,03383	0,0447	
8,0	0,03363	0,06135	0,07613	0,0765	
8,5	0,08183	0,0971	0,0983	0,0907	
9,0	0,10619	0,1085	0,09988	0,0851	
9,5	0,105733	0,0955	0,079	0,06195	
10,0	0,07846	0,06292	0,0441	0,02725	
10,5	0,03733	0,01931	0,0014	−0,01172	
11,0	−0,008635	−0,02472	−0,0373	−0,04515	
11,5	−0,04861	−0,0595	−0,0661	−0,0672	
12,0	−0,07403	−0,0783	−0,07808	−0,07305	
12,5	−0,080175	−0,0755		−0,0611	
13	−0,06722	−0,0598		−0,03982	
14	−0,0048	0,00556		+0,02245	
15	0,053435	0,0578	0,0599	0,0596	
16	0,058548	0,055	0,04961	0,0438	
17	0,01287	0,005943	−0,0008	−0,007	
18	−0,03902	−0,04293	−0,0462	−0,04693	
19	−0,051586	−0,049973	−0,047226	−0,04365	
20	−0,01815	−0,01331	−0,00835	−0,00359	
21	0,027962	0,03148	0,03400		
22	0,045436	0,04484	0,04350		
23	0,021625	0,01814	0,0147		
24	−0,01923	−0,02206	−0,0247		
25	−0,039858	−0,03991	−0,0394		
26	−0,023723	−0,02123	−0,0183		
27	0,012332	0,01457	0,0165		
28	0,034677	0,03511	0,0351		
29	0,026576	0,02326	0,0213		
30	−0,00625	−0,00839	−0,0104		

Tabelle III. Funktionen M_i'.

γ	$\int \cos\gamma\xi\,d\xi$	$\int \xi^2 \cos\gamma\xi\,d\xi$	$\int \xi^4 \cos\gamma\xi\,d\xi$	$\int \xi^6 \cos\gamma\xi\,d\xi$	$\int \xi^8 \cos\gamma\xi\,d\xi$
1,0	0,84147	0,23913	0,124	0,0908	0,06864
1,2	0,7763	0,2017	0,101	0,0704	0,052
1,4	0,704	0,1592	0,077	0,0476	0,03344
1,6	0,6242	0,1115	0,047	0,0235	0,0145
1,8	0,5408	0,0645	0,0155	−0,001	−0,00576
2,0	0,4545	0,0195	−0,0192	−0,02544	−0,0259
2,5	0,2382	−0,0933	−0,096	−0,0785	−0,0755
3,0	0,0471	−0,1834	−0,14825	−0,1184	−0,0972
3,5	−0,10005	−0,23615	−0,17397	−0,1325	−0,1059
4,0	−0,1926	−0,2461	−0,1657	−0,1191	−0,0941
4,5	−0,21625	−0,2105	−0,124	−0,0825	−0,0615
5,0	−0,1916	−0,154	−0,0689	−0,0356	−0,0189
5,5	−0,1282	−0,0785	−0,0065	0,0165	0,022
6,0	−0,04653	0,00934	0,0571	0,0660	0,0641
6,5	0,03325	0,083	0,107	0,100	0,0840
7,0	0,0938	0,1222	0,126	0,1093	0,0923
7,5	0,1249	0,1302	0,122	0,0995	0,0820
8,0	0,1236	0,1154	0,0932	0,0666	0,0473
8,5	0,0939	0,0765	0,0425	0,023	0,009
9,0	0,04581	0,0221	−0,00246	−0,0205	−0,0295
9,5	0,007915	−0,0285	−0,054	−0,0605	−0,0635
10,0	−0,0544	−0,07018	−0,0783	−0,0815	−0,07632
10,5	−0,08375	−0,0915	−0,091	−0,0865	−0,074
11,0	−0,9085	−0,0895	−0,08205	−0,07025	−0,058
11,5	−0,07602	−0,067	−0,0575	−0,041	−0,0295
12,0	−0,0448	−0,03335	−0,02391	−0,00575	+0,00398

Tabelle IV. Spantfunktionen.

β	0	0,1	0,2	0,5	1,0	2,0	3,0	4,0	5,0	6,0
$\int e^{-\beta\zeta}\zeta^0 d\zeta$	1,0	0,9516	0,9064	0,78714	0,63212	0,43233	0,31674	0,24542	0,1986	0,1662
$\int e^{-\beta\zeta}\zeta^1 d\zeta$	0,5	0,4679	0,4383	0,3608	0,26424	0,1484	0,0890	0,05677	0,03838	
$\int e^{-\beta\zeta}\zeta^2 d\zeta$	0,333			0,2302	0,1606	0,0808	0,04336	0,02381	0,01400	
$\int e^{-\beta\zeta}\zeta^3 d\zeta$	0,25									
$\int e^{-\beta\zeta}\zeta^4 d\zeta$	0,20	0,1840		0,1322	0,0878	0,03951	0,01825	0,00866		
$\int e^{-\beta\zeta}\zeta^5 d\zeta$	0,1667	0,1587			0,0713	0,0311	0,01385	0,00624		
$\int e^{-\beta\zeta}\zeta^6 d\zeta$	0,1427	0,1309	0,1201							
$\int e^{-\beta\zeta}\zeta^7 d\zeta$	0,125									
$\int e^{-\beta\zeta}\zeta^8 d\zeta$	0,111	0,1027		0,0701	0,0542	0,0187	0,00779	0,003375		
$\int e^{-\beta\zeta}\zeta^9 d\zeta$	0,100	0,0913		0,064	0,0406	0,01645		0,00281		
$\int e^{-\beta\zeta}\zeta^{10} d\zeta$	0,09091									

$$f_1(\beta) = \int_0^1 (1-\zeta^8)\,e^{-\beta\zeta}\,d\zeta,$$

$$f_2(\beta) = \int_0^1 (1-\zeta^4)\,e^{-\beta\zeta}\,d\zeta.$$

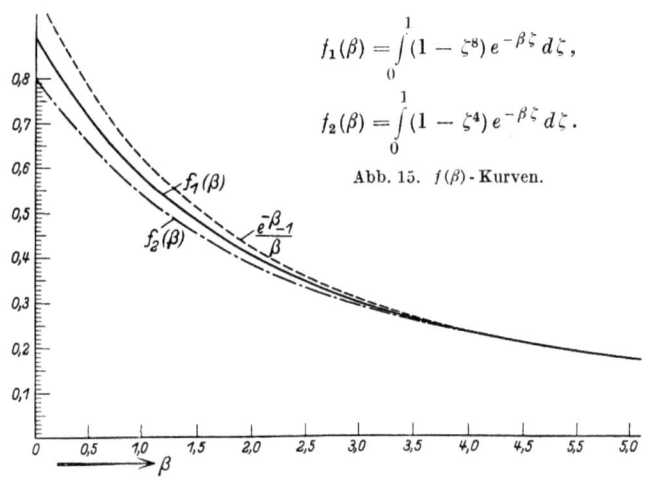

Abb. 15. $f(\beta)$-Kurven.

Bestimmung des Restgliedes.

Michell gibt als oberste Fehlergrenze für ein Abbrechen des Integrals folgende Überlegung:

$$\int_0^\infty f'(x,z) e^{-\frac{\lambda^2 g z}{v^2}} dz = F(x) \int_0^\infty e^{-\frac{\lambda^2 g z}{v^2}} dz = \frac{1}{\lambda^2} \cdot \frac{v^2}{g} F(x),$$

hierin ist $F(x)$ kleiner als der Höchstwert von $f'(x,z)$ für ein gegebenes x; setzen wir r statt ∞ so wird der Fehler von R,

$$\Delta R = \frac{4 \varrho g^2}{\pi v^2} \int_r^\infty F^2(x) \frac{1}{\lambda^4} \cdot \frac{v^4}{g^2} \cdot \lambda \, d\lambda = \frac{4 \varrho v^2}{\pi} F^2(x) \int_r^\infty \frac{d\lambda}{\lambda^3}$$

oder von der Ordnung
$$\frac{v^2}{r^2},$$

hier ist $\lambda \infty \dfrac{\lambda^2}{\sqrt{\lambda^2 - 1}}$ gesetzt.

Ein Abbrechen des Integranden kann ohne merklichen Fehler nur für sehr große λ erfolgen, es ist daher empfehlenswert, den Betrag ΔR durch einfache Entwicklungen abzuschätzen. Für

$$WL = \frac{B}{2}(1-\xi^4)(1-c_0\xi^2)$$

lautet das Restglied, da

$$R = \frac{4 \varrho g^2}{\pi v^2} \cdot \frac{4 B^2 T^2}{\psi} \int_{\gamma_0}^\infty f^2(\beta) \{\cos\gamma f_1(\gamma) + \sin\gamma f_2(\gamma)\}^2 f_0(\lambda) d\gamma$$

$$= \frac{32 \gamma'}{\pi} \cdot \frac{B^2 T^2}{L} \int_{\gamma_0}^\infty f^2(\beta) \varphi^2(\gamma) f_0(\lambda) d\gamma,$$

$$\Delta R = \frac{32 \gamma'}{\pi} \cdot \frac{B^2 T^2}{L} \int_{\gamma_0}^\infty \frac{1}{\beta^2} \left\{ \frac{\cos\gamma}{\gamma} 2(1-c_0) + \frac{\sin\gamma}{\gamma^2} 2(3-7c_0) \right\}^2 f_0(\lambda) d\gamma$$

oder

$$\Delta R = C \int_{\gamma_0}^\infty \frac{1}{\gamma^4} \cdot \frac{\gamma}{1 - \frac{1}{2}\frac{\psi^2}{\gamma^2}} \left\{ \frac{\cos^2\gamma}{\gamma^2} 4(1-c_0)^2 - \frac{\sin^2\gamma}{\gamma^3} 4(1-c_0)(3-7c_0) + \frac{\sin^2\gamma}{\gamma^4} 4(3-7c_0)^2 \right\} d\gamma,$$

hier haben wir in

$$f_1(\gamma) = \frac{1}{\gamma}\{c_0 + 2 - 3c_0\} = \frac{1}{\gamma} 2(1-c_0),$$

$$f_2(\gamma) = \frac{1}{\gamma^2}\{-c_0 - 2\cdot 3 + 3c_0 \cdot 5\} = -\frac{1}{\gamma^2} 2(3-7c_0),$$

nach Vernachlässigung aller Glieder, die $1/\gamma^2$ usw. enthalten, gesetzt; wählen wir γ_0 genügend groß, so wird

$$\Delta R = \frac{16}{\pi} \frac{B^2 L^2}{v^2} g \gamma' \int_{\gamma_0}^\infty \frac{1}{\gamma^5}(1-c_0)^2 \frac{1+\cos 2\gamma}{2} d\gamma$$

$$= \frac{8}{\pi} \frac{B^2 L^2}{v^2} g \gamma' \int_{\gamma_0}^\infty (1-c_0)^2 \frac{d\gamma}{\gamma^5} = \frac{8 B^2 L^2 g \gamma'}{\pi v^2}(1-c_0)^2 \frac{1}{4\gamma_0^4}.$$

Die Berechtigung zu der Vernachlässigung der Glieder, die Kreisfunktionen enthalten, kann aus Betrachtung der Funktionen

$$Six = \frac{\pi}{2} - \int_x^\infty \frac{\sin u}{u} du,$$

$$Cix = -\int_x^\infty \frac{\cos u}{u} du$$

abgeleitet werden.

Für große Argumente $|x| > 17$ gelten (s. Jahnke, Emde, S. 19)

$$Six = \frac{\pi}{2} - \frac{\cos x}{x}\left(1! - \frac{2!}{x^2} + \frac{4!}{x^4} - + \cdots\right),$$

$$Cix = -\frac{\cos x}{x}\left(\frac{1!}{x} - \frac{3!}{x^3} + \frac{5!}{x^5} - + \cdots\right),$$

wobei wir $x = n\pi$ gesetzt haben, um die $\frac{\sin x}{x} = 0$ zu erhalten.

Die Reduktionsformeln

$$\int \frac{\sin \gamma u}{u^n} du = -\frac{\sin \gamma u}{(n-1)u^{n-1}} - \frac{\gamma \cdot \cos \gamma u}{(n-1)(n-2)u^{n-2}} - \frac{\gamma^2}{(n-1)(n-2)}\int \frac{\sin \gamma u}{u^{n-2}} du,$$

$$\int \frac{\cos \gamma u}{u^n} du = -\frac{\cos \gamma u}{(n-1)u^{n-1}} + \frac{\gamma \cdot \sin \gamma u}{(n-1)(n-2)u^{n-2}} - \frac{\gamma^2}{(n-1)(n-2)}\int \frac{\cos \gamma u}{u^{n-2}} du$$

ergeben für unseren Spezialfall

$$\int_{\gamma_0}^\infty \frac{\cos 2\gamma}{\gamma^5} d\gamma = \frac{\cos 2\gamma_0}{4 \cdot \gamma_0^4} - \frac{4 \cos 2\gamma_0}{4 \cdot 3 \cdot 2\gamma_0^2} - \frac{16}{4 \cdot 3 \cdot 2} Ci 2\gamma_0,$$

$$Ci 2\gamma_0 = +\cos 2\gamma_0\left(-\frac{1}{4\gamma_0^2} + \frac{3!}{16\gamma_0^4} - \frac{5!}{64\gamma_0^6} + \cdots\right)$$

oder, da $\cos 2\gamma_0 = \cos 2n\pi = 1$ ist

$$\int_{\gamma_0}^\infty \frac{\cos 2\gamma}{\gamma^5} d\gamma = \frac{5}{4} \cdot \frac{1}{\gamma_0^6} + \cdots$$

alle Glieder mit niedrigeren Potenzen verschwinden, was rein anschaulich selbstverständlich ist, da

$$\left|\int_{\gamma_0}^\infty \frac{\cos 2\gamma}{\gamma^5} d\gamma\right| < \left|\int_{\gamma_0}^\infty \frac{1}{\gamma^5} d\gamma\right|$$

sein muß, ähnlich wird

$$\int_{\gamma_0}^\infty \frac{\sin 2\gamma}{\gamma^6} = \cos 2\gamma_0\left\{\frac{2}{5 \cdot 4\gamma_0^4} - \frac{8}{5 \cdot 4 \cdot 3 \cdot 2\gamma_0^2}\right\} - \frac{2^5}{120} Ci 2\gamma_0 = \frac{1}{2}\frac{1}{\gamma_0^6} - \cdots,$$

da auch hier niedrigere Potenzen sich wegheben.

Gegenüber

$$\int_{\gamma_0}^\infty \frac{d\gamma}{\gamma^5} = \frac{1}{4\gamma_0^4}$$

sind die untersuchten Integrale bei genügend großem γ_0 verschwindend klein. Nach Einsetzung unseres Beispiels wird

$$\Delta R = \frac{2{,}52 \cdot 10^7}{v^2} (1 - c_0)^2 \frac{1}{4\gamma_0^4};$$

wenn $c_0 = 0{,}4$

$$\gamma_0 = 6\pi, \quad \Delta R = \frac{41{,}8}{v^2}, \quad \gamma_0 = 4\pi, \quad \Delta R = \frac{212}{v^2}.$$

Mit Hilfe dieser einfachen Formeln sind die Widerstandskurven ergänzt worden.

Für geringe Geschwindigkeiten, also große ψ-Werte, kann der Faktor ψ^2/γ^2 unter der Wurzel von Bedeutung werden, es empfiehlt sich, den Wert γ_0 so groß zu wählen, daß ψ^2/γ_0^2 klein bleibt. Für

$$WL = \frac{B}{2}(1 - \xi^4)(1 - c_0 \xi^4)$$

gilt das Gesagte, nur muß wegen der großen Zähler γ_0 in den Gliedern höherer Ordnung γ_0 genügend groß gewählt werden.

Wulststeven.

Beispiel: $\quad WL = (1 - \xi^2)(1 + c_W \xi^{100}); \; c_W$ z. B. $= 10$,

symmetrische Form mit Wulsten am Steven und Heck

$$(1 - \xi^2)[1 + c'_W(\xi^{100} + \xi^{101})]$$

lässt Anschwellung am Heck praktisch verschwinden

$$\frac{\partial WL}{\partial \xi} = -2\xi' + c'_W(100\,\xi^{99} - 101\,\xi^{100} - 102\,\xi^{101} - 103\,\xi^{102})$$

$$= -2\xi'_W\left\{100\,\xi^{99}\underbrace{\left(\frac{1}{1{,}02} - \xi^2\right)}_{A} + 101\,\xi^{100}\underbrace{\left(\frac{1{,}01}{1{,}03} - \xi^2\right)}_{B}\right\}$$

für J kommt nur die ungrade Funktion A, für I nur B in Frage

$$J_{\text{Wulst.}} = C\int_{-1}^{+1} A \sin\gamma\xi\,\delta\xi. \qquad I_{\text{Wulst.}} = C_1\int_{-1}^{+1} B \cos\gamma\xi\,\delta\xi.$$

Den Verlauf $\int_{-1}^{+1} A \sin\gamma\xi\,\delta\xi$ untersuchen wir wie folgt:

1. Für $\gamma = K\pi$ setzt man

$$\sin K\pi\xi = \pm\sin(K\pi - K\pi\xi) = \pm\sin K\pi(1 - \xi),$$

da $1 - \xi$ kleine Größe

(bei $\xi = 0{,}90$ ist $\xi^{100} = 2{,}655 \cdot 10^{-5}$),

so ist bei

$$K \leq \sim 7 \quad \sin K\pi(1 - \xi) = K\pi(1 - \xi).$$

Tabelle V. Beispiel: Berechnung der Grundkurven für $\eta = (1-\xi^2)(1+c_0\xi^2)$.

γ	1,0	1,4	1,8	2,0	2,5	3	3,5	4	4,5
$\int \xi 2(1-c_0)$	0,345	0,436	0,489	0,4995	0,4765	0,3958	0,274	0,1238	−0,013735
$\int \xi^3 4 c_0$	0,302	0,378	0,4072	0,406	0,358	0,2515	0,111	−0,0378	−0,167
Σ	0,647	0,814	0,8962	0,9055	0,8345	0,6473	0,385	0,0860	−0,180735
Σ^2	0,4186	0,803	0,803	0,818	0,6964	0,419	0,1482	0,007396	0,0327

	5	5,5	6	6,5	7	7,5	8	8,5	9	9,5	10
	−0,1086	−0,17405	−0,192	−0,166	−0,1078	−0,03382	0,03855	0,0937	0,1218	0,121	0,0898
	−0,256	−0,289	−0,266	−0,196	−0,096	+0,11895	0,105	0,1664	0,186	0,1636	0,1078
	−0,3646	−0,46305	−0,458	−0,362	−0,2038	0,08513	0,14355	0,2601	0,3078	0,2846	0,1976
	0,1335	0,2144	0,2098	0,131	0,0416	0,00725	0,02061	0,0676	0,0948	0,081	0,039

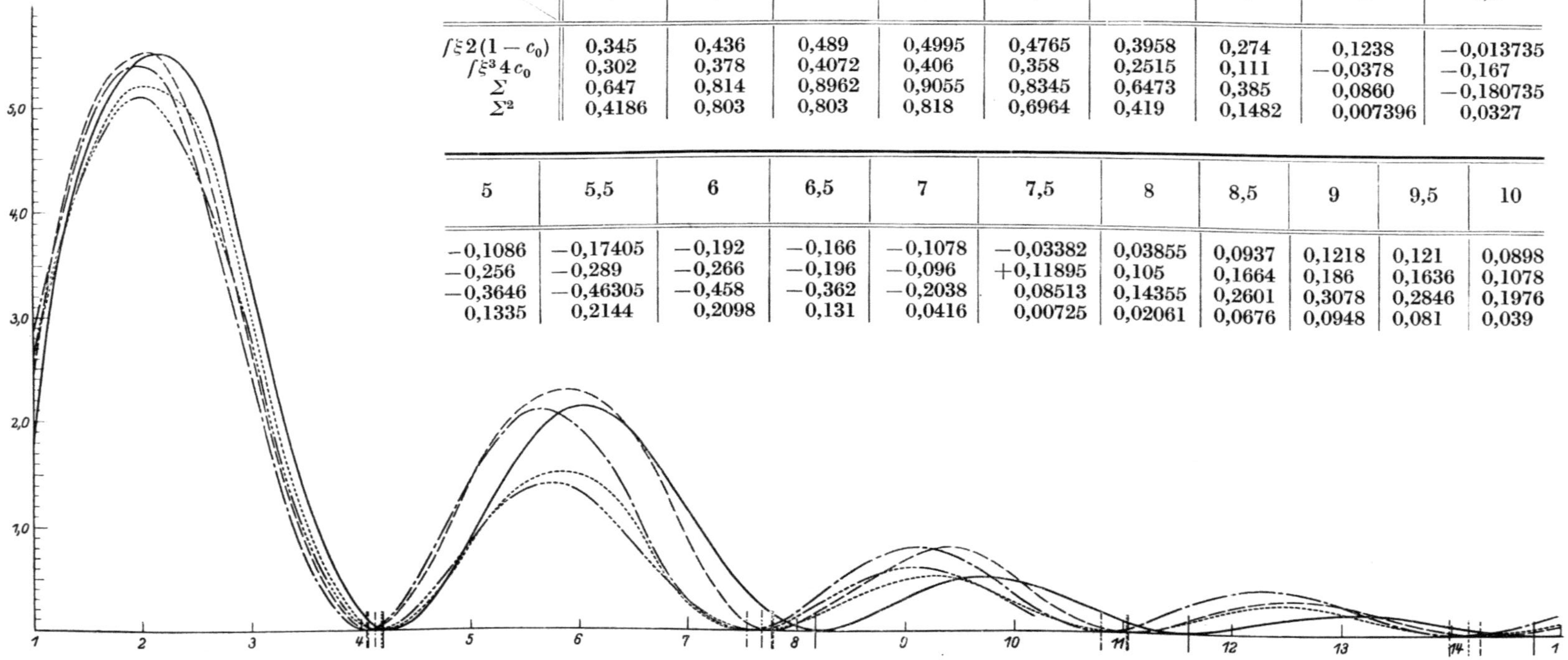

Abb. 16. Wasserliniengrundkurven.

——— $(1-\xi^4)(1-0{,}857\,\xi^4)$, — — — $(1-\xi^4)(1-0{,}4285\,\xi^4)$, — · — · $(1-\xi^4)(1-0{,}4285\,\xi^2)$, — ·· — ·· $(1-\xi^4)(1-0{,}2\,\xi^2)$, ········ $(1-\xi^4)(1-0{,}4\,\xi^2)$, ─ ─ ─ $(1-\xi^2)(1+0{,}4285\,\xi^2)$.

Anwendungen der Michellschen Widerstandstheorie. 41

Tabelle VI. Beispiel: Berechnung des Integranden $\Sigma^2 \cdot f^2(\beta) \cdot f(\lambda)$ für $\mathfrak{B} = 16$ m/sec $\mathfrak{B} = 14$ m/sec

γ	Σ^2	$f(\lambda)$	$f(\lambda)\Sigma^2$	$f_1^2(\beta)$	y_1	$f_2^2(\beta)$	y_2	$f(\lambda)$	$f(\lambda)\Sigma^2$	$f_1^2(\beta)$	y_1	$f_2^2(\beta)$	y_2
1,915	0,0549	—	—	0,5625	—	0,5625	—	—	—	—	—	—	—
1,9246	0,05495	10,04	—	0,5623	0,3105	0,687	0,3782	—	—	—	—	—	—
1,9342	0,0550	7,184	—	0,561	0,222	0,686	0,2705	—	—	—	—	—	—
1,9533	0,05515	5,195	—	0,5595	0,1595	0,685	0,1954	—	—	—	—	—	—
1,992	0,0553	3,788	—	0,555	0,1156	0,6496	0,142	—	—	—	—	—	—
2,0	0,05535	3,625	0,2005	0,555	0,1112	0,681	0,13	—	—	—	—	—	—
2,3	0,053	2,165	0,1149	0,5329	0,06125	0,6336	0,0728	—	—	—	—	—	—
2,5	0,04745	2,03	0,0963	0,5155	0,04975	0,6257	0,06025	10,05	—	0,5417	0,2537	0,632	0,3112
2,5125	0,0468	—	—	—	—	—	—	7,184	—	0,5388	0,1798	0,6115	0,2197
2,525	0,0463	—	—	—	—	—	—	5,195	—	0,5373	0,1261	0,5595	0,1543
2,55	0,0437	—	—	—	—	—	—	3,788	—	0,5358	0,0882	0,5063	0,1104
2,6	0,0418	—	—	—	—	—	—	3,2	—	0,5329	0,071		0,08675
2,65	0,0418	—	—	—	—	—	—	2,642	—	0,53	0,0511		0,06225
2,75	0,037	—	—	—	—	—	—	2,48	0,0868	0,5227	0,045		0,05485
2,8	0,035	2,006	0,07025	0,4789	0,0336	0,5914	0,04155	2,17	0,0575	0,5184	0,03895		0,0352
3,0	0,0265	2,035	0,054	0,4733	0,2557	0,5700	0,0308	2,003	0,0161	0,5041	0,0075		0,009
3,5	0,00803	2,185	0,01757	0,4264	0,0075	0,5076	0,008925	2,05	0,0001859	0,4651	0,0000791		0,0000942
4,0	0,0000907	2,381	0,000216	0,3795	0,000082	0,4476	0,00009675			0,4251			
4,5	0,004165	2,595	0,0108	0,3329	0,0036	0,3881	0,004197	2,281	0,0329	0,367	0,01207	0,402	0,0132
5,0	0,0144	2,826	0,04072	0,3025	0,01231	0,333	0,01355						
5,5	0,0224	3,065	0,0687	0,247	0,01697	0,28196	0,01935						
6,0	0,0226	3,305	0,07475	0,2098	0,01568	0,2372	0,0177	2,638	0,05955	0,2647	0,01577	0,3025	0,018005
6,5	0,0156	3,559	0,0555	0,1785	0,00992	0,1984	0,01101						
7,0	0,006775	3,803	0,0258	0,1482	0,00382	0,1636	0,00422	2,997	0,0203	0,1976	0,004005	0,2223	0,004515
7,5	0,0008005	4,057	0,00325	0,1263	0,0004105	0,1384	0,00045						
8,0	0,0005405	4,311	0,002335	0,1056	0,0002463	0,1136	0,0002655	3,367	0,00182	0,1482	0,00027	0,164	0,0002985
8,5	0,00373	4,565	0,01701	0,0885	0,001506	0,0942	0,001601						
9,0	0,00671	4,819	0,03235	0,0708	0,00229	0,0784	0,002535	3,749	0,02518	0,1082	0,002725	0,1173	0,002958
9,5	0,006944	5,073	0,0352	0,0625	0,00212	0,065	0,002298						
10,0	0,00444	5,327	0,02365	0,0529	0,00125	0,0538	0,001272	4,11	0,01827	0,0801	0,00146	0,0847	0,001547
10,5	0,001382	5,571	0,0077	0,0441	0,0003397	0,0445	0,0003422						
11,0	0,000011895	5,825	0,0000694	0,0372	0,00000258	0,0376	0,000002605	4,47	0,0000532	0,0586	0,00000312	0,0586	0,00000312
11,5	0,00075	6,079	0,004555	0,0317	0,0001445	0,0317	0,0001444						
12,0	0,002425	6,333	0,01535	0,0276	0,000424	0,0275	0,0004222	4,83	0,0117	0,0441	0,000517	0,0441	0,000517

42 Anwendungen der Michellschen Widerstandstheorie.

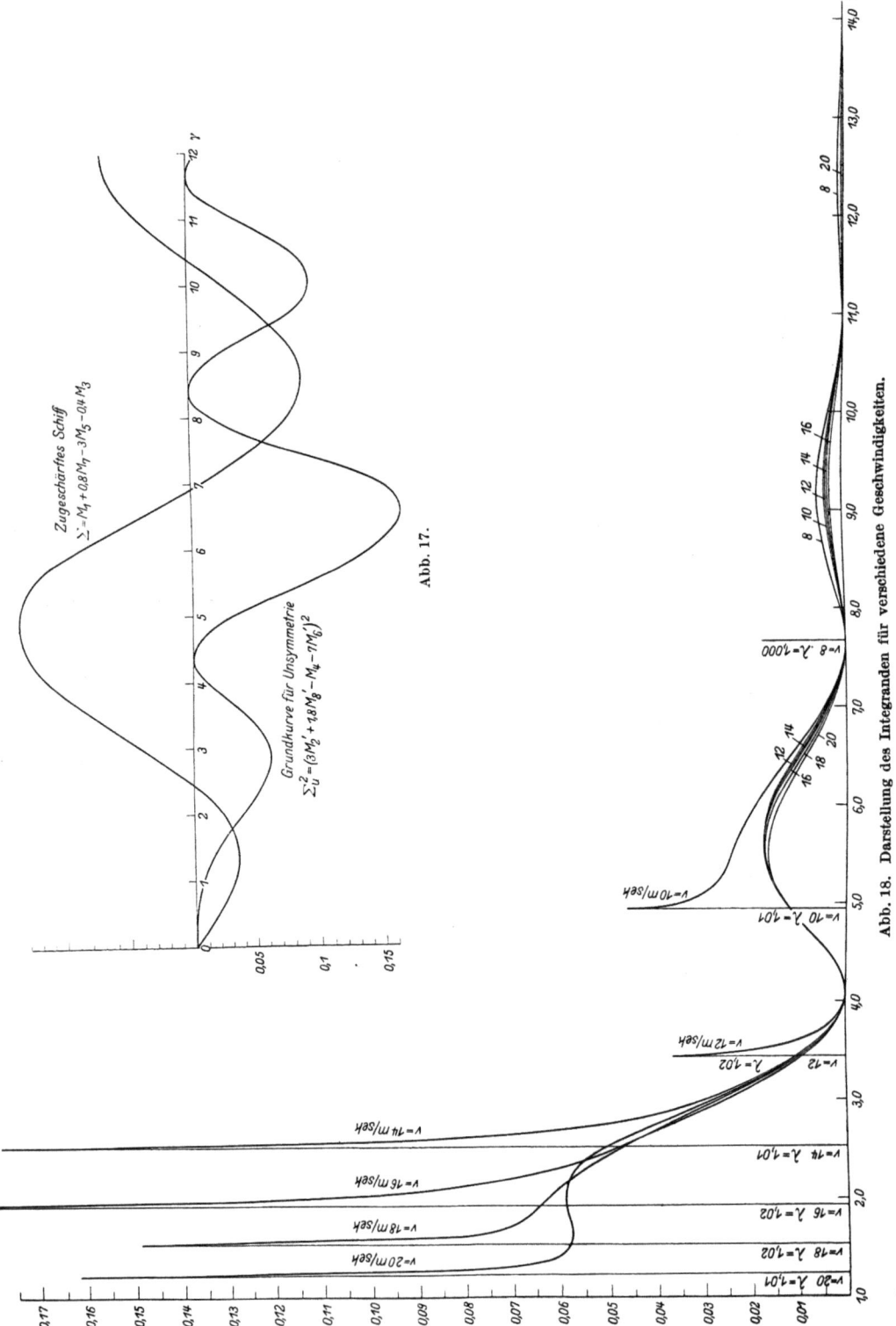

Abb. 17.

Abb. 18. Darstellung des Integranden für verschiedene Geschwindigkeiten.

2. Für $\gamma = \dfrac{K_1 \pi}{2}$

$$\sin\dfrac{K_1 \pi_1 \xi}{2} = \pm \cos\left(\dfrac{K\pi}{2} - \dfrac{K_1 \pi \xi}{2}\right) = \pm \cos\dfrac{K_1 \pi}{2}(1-\xi)$$

mit der Berechtigung wie unter 1.

$$\cos\dfrac{K_1 \pi}{2}(1-\xi) = 1 - \dfrac{K_1^2 \pi^2}{2\cdot 4}(1-\xi)^2 = 1 - c' + 2c'\xi - c'\xi^2$$

$$c' = \dfrac{K_1^2 \pi^2}{8}.$$

Für größere K muß zu direkter Rechnung gegriffen werden, die sich ohne prinzipielle Schwierigkeiten z. B. nach Simpson bei Beachtung der Rechengenauigkeit erledigen läßt.

Da für
$$\xi_0 = 0{,}86, \qquad \xi_0^{100} = 2{,}82 \cdot 10^{-7}$$

ist
$$\int_{-1}^{+1} A \sin\gamma\xi\,\delta\xi = 2\int_{\xi_0}^{+1} A \sin\gamma\xi\,\delta\xi.$$

Zu 1.

$$\int_{\xi_0}^{+1} A \sin\gamma\xi\,\delta\xi = \int_0^{+1}(100\xi^{99} - 102\xi^{101})K\pi(1-\xi)\,\delta\xi$$

$$= -K\pi\int_{+1}^{0}(100\xi^{100} - 102\xi^{102})\,\delta\xi = K\pi\left(\dfrac{102}{103} - \dfrac{100}{101}\right) = \dfrac{2K\pi}{10403}$$

$K =$	0	1	2	3
$\int A\sin\gamma\,\delta\xi =$	0	$+0{,}0006$	$-0{,}0012$	$+0{,}0018$

Zu 2.

$$\int_{\xi_0}^{+1} A \sin\gamma\xi\,\delta\zeta = \int_0^1 (100\xi^{99} - 102\xi^{101})(1 - c' + 2c'\xi^2)\,\delta\xi$$

$$= \int_0^{+1} 100\xi^{99} - 102\xi^{101})(2c'\xi - c'\xi^2)\,\delta\xi.$$

$$c'\int_0^1 \{2(100\xi^{100} - 102\xi^{102}) - (100\xi^{101} - 102\xi^{103})\}\,d\xi = \dfrac{4c'}{1{,}1\cdot 10^6},$$

$k_1 =$	1	3	5	7
$c' =$	1,235	11,11	30,9	60,5
$\int A\sin\gamma\xi\,d\xi =$	$-0{,}000011$	$+0{,}0001$	$-0{,}0028$	$0{,}0055$,

Verlauf des Integrals siehe Skizze 6.

Das Integral $\int B \cos\gamma\zeta\,d\zeta$ läßt sich ohne weiteres hinschreiben, da

$$\int B\cos k\pi\xi\,d\xi = -\int B\cos k\pi(1-\xi)\,d\xi \qquad k = 2k_1$$

$k_1 =$	0	2	4	6	8
$\int B\sin\gamma\xi\,d\xi =$	0	0,0,00044	0,0,00176	0,0,0040	0,0,007

$$\int B\cos\dfrac{k_1\pi\xi}{2}\,d\xi = \pm\int B\sin\dfrac{k_1\pi}{2}(1-\xi)\,d\xi \qquad k_1 = 0{,}5k$$

$k =$	0,5	1,5	2,5	3,5	B stillschweigend
$\int B\cos\gamma\xi\,d\xi =$	$-0{,}0003$	$0{,}0009$	$0{,}0015$	$0{,}0021$.	$= A$ gesetzt!

Bei Untersuchung von R ist zu beachten, daß

bei kleinem $\dfrac{J_{\text{Wulst}}}{J_{WL}}$
$$J = J_{WL} + J_{\text{Wulst}}, \qquad J^2 = (J_{WL} + J_{\text{Wulst}})^2$$
$$J^2 = J^2_{WL} + 2 J_{WL} J_{\text{Wulst}}$$

oder bei nicht sehr unsymmetrischem Schiff I^2 zu vernachlässigen. Diese Vereinfachung gilt nicht mehr bei kleineren Geschwindigkeiten!

Paralleles Mittelschiff.

Gleichungstyp:

$$y = \frac{B}{2}\varphi(\zeta) f_0(x-k) \quad \text{von} \quad k \to k+l, \qquad y = \text{const} \quad \text{von} \quad 0 \to k,$$

$$y' = \frac{B}{2}\varphi(\zeta) f'_0(x-k) \quad \text{von} \quad k \to k+l, \qquad y' = 0 \quad \text{von} \quad 0 \to k,$$

$$J = C \int_{-l_1}^{+l_1} f'_0(x-k) \sin\frac{\lambda g x}{v^2} dx$$

oder für f_0-gerade Funktion,

$$J = 2C \int_0^{l_1} f'_0(x-k) \sin\frac{\lambda g x}{v^2} dx = 2c \int_k^{k+l} f'_0(x-k) \sin\frac{\lambda g x}{v^2} dx \quad \text{mit} \quad u = x-k,$$

$$J = 2c \int_0^{+l} f'_0(u) \sin\frac{\lambda g(u+k)}{v^2} du$$

$$= 2c \int_0^1 f'_0(\xi) \sin(\xi+v)\gamma \, d\xi \qquad\qquad \text{wenn} \quad \xi = \frac{u}{l}$$

$$= 2c \int_0^1 f'_0(\zeta)(\sin\xi\gamma \cos r\gamma + \cos\xi\gamma \sin r\gamma) \, d\xi \qquad\qquad r = \frac{k}{l}$$

$$= 2c\{\Sigma q_i M_i \cdot \cos r\gamma + \Sigma q_i M'_i \sin r\gamma\}. \qquad\qquad \gamma = \frac{\lambda g l}{v^2}$$

Hier sind die Funktionen

$$M'_i = \int_0^1 \xi^i \cos\gamma\xi \, d\xi$$

für ungerade i zu berechnen.

Das Havelocksche Beispiel

$$y = \frac{B}{2}\left[1 - \frac{(x-k)^2}{l^2}\right]\varphi(\zeta)$$

[$\varphi(\zeta) = 1$ nach Havelock, da $T = \infty$] läßt sich leicht für beliebige $\varphi(\zeta)$ lösen.

$$b = \frac{B}{2}$$

$$J = -4b \int_0^1 \xi \sin(\xi+r)\gamma \, d\xi \, f(\beta)$$

$$= -4b f(\beta)(\cos r\gamma \, M_1 + \sin r\gamma \, M'_1),$$

$$R = D \int f^2(\beta) f_\lambda(\lambda)(\cos r\gamma \, M_1 + \sin r\gamma \, M'_1)^2 \, d\gamma.$$

Anwendungen der Michellschen Widerstandstheorie.

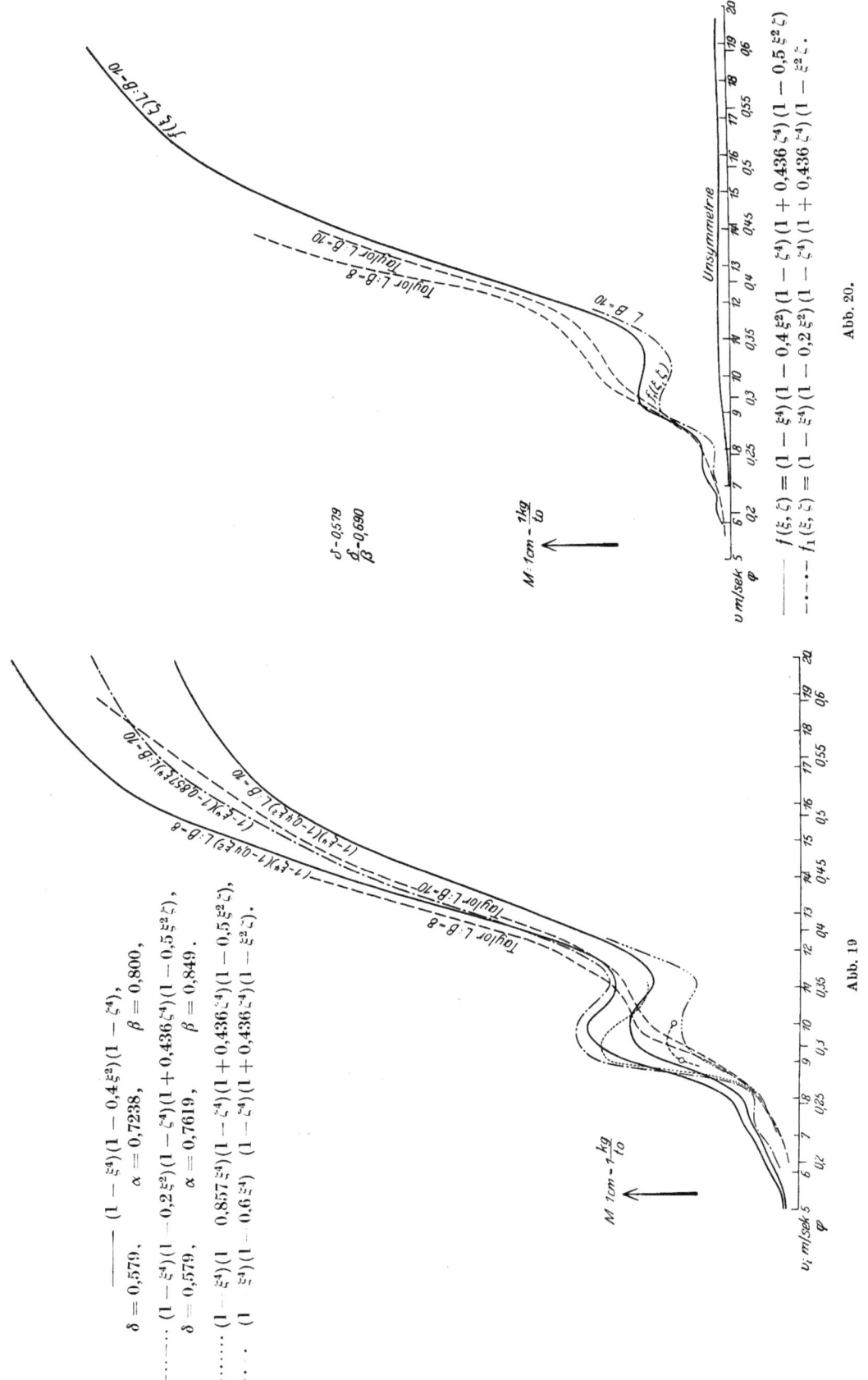

Abb. 19.

Abb. 20.

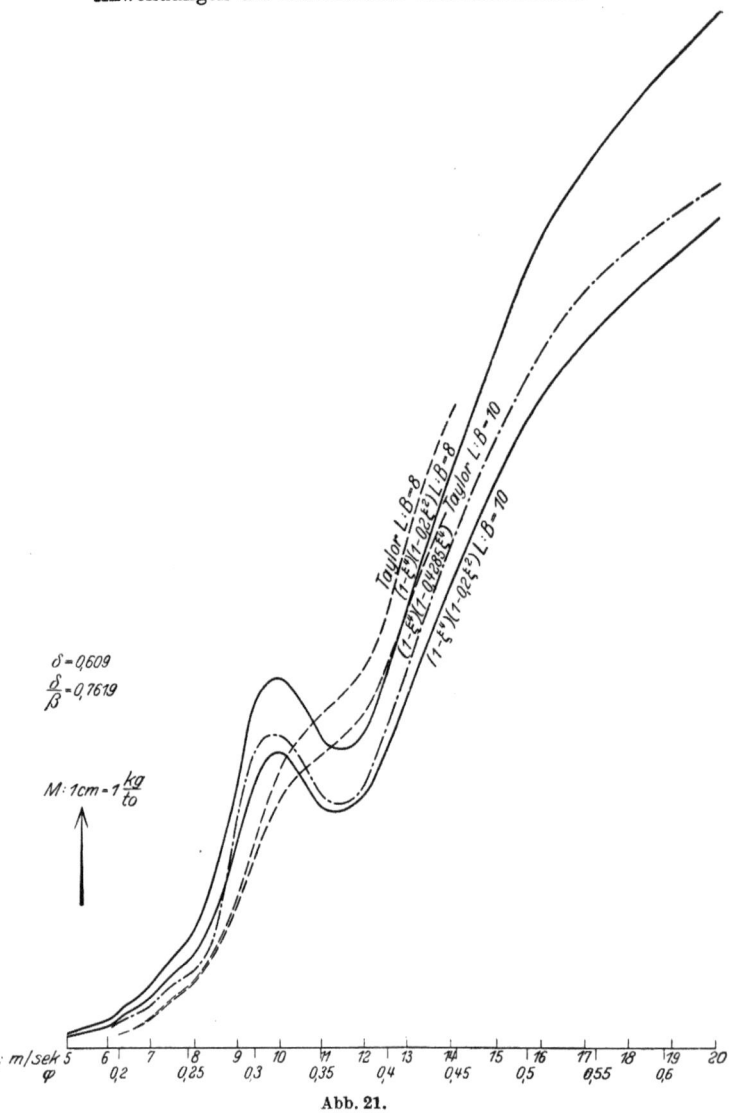

Abb. 21.

Schiffe geringsten Widerstandes

$$y = \frac{B}{2}(1-\xi^4)(1-c_0\xi^2)\,\varphi(\zeta),$$

hierfür ist

$$R = C\int_{\gamma_0}^{\infty}[c_0(-M_1+3M_5)-2M_3]^2 f^2(\beta)\,f(\lambda)\,d\gamma$$

$$= C\int_{\gamma_0}^{\infty}[(-M_1+3M_5)^2 c_0^2 - 4M_3(-M_1+3M_5)c_0 + 4M_3^2]\,f^2(\beta)\,f(\lambda)\,d\gamma,$$

$$\frac{\partial R}{\partial c_0} = C\int_{\gamma_0}^{\infty}[(-M_1+3M_5)^2 \cdot 2c_0 - 4M_3(-M_1+3M_5)]\,f^2(\beta)\,f(\lambda)\,d\gamma = 0.$$

$$c_0 = 2\cdot\frac{\displaystyle\int_{\gamma_0}^{\infty} M_3(-M_3+3M_5)\,f^2(\beta)\,f(\lambda)\,d\gamma}{\displaystyle\int_{\gamma_0}^{\infty}(-M_1+3M_5)^2\,f^2(\beta)\,f(\lambda)\,d\gamma}$$

ganz analog für
$$y = \frac{B}{2}(1-\xi^4)(1-c_0\xi^4)\varphi(\zeta),$$

$$c_0 = \frac{\int_{\gamma_0}^{\infty} M_3(2M_7 - M_3) f^2(\beta) f(\lambda) d\gamma}{\int_{\gamma_0}^{\infty} (2M_7 - M_3)^2 f^2(\beta) f(\lambda) d\gamma}.$$

Für $\beta = \beta(\xi)$ $\quad c_0 = $ konst. $\quad \delta$ als Funktion von c_1 gesucht.

$$J = D[f_1(\beta) \Sigma_c - c_1 f_2(\beta) \Sigma_2],$$

$$R = C \int_{\gamma_0}^{\infty} \{f_1^2(\beta) \Sigma_c^2 - 2c_1 f_1(\beta) \cdot f_2(\beta) \Sigma_c \Sigma_2 + c_1^2 f_2^2(\beta) \Sigma_2^2\} f(\lambda) d\gamma,$$

$$\frac{\delta R}{\delta c_1} = \int_{\gamma_0}^{\infty} [-2 f_1(\beta) f_2(\beta) \Sigma_c \Sigma_2 + 2c_1 f_2^2(\beta) \Sigma_2^2] f(\lambda) d\gamma = 0,$$

$$c_1 = \frac{\int_{\gamma_0}^{\infty} f_1(\beta) f_2(\beta) \Sigma_c \Sigma_2 f(\lambda) d\gamma}{\int_{\gamma_0}^{\infty} f_2^2(\beta) f(\lambda) \Sigma_2^2 d\gamma}$$

hieraus δ zu bestimmen.

Wird weiter für $c_0 =$ konst. δ vorgeschrieben und c wie c_1 gesucht (Problem der Spantflächenverteilung im ⊗ und über das Schiff bei konst. Verdrängung), so ist für z. B.

$$y = \frac{B}{2}(1-\xi^4)(1-0,4\xi^2)(1-\zeta^4)(1+c\zeta^4)(1-c_1\xi^2\zeta),$$

$$J = D_1[\Sigma_c\{f_1(\beta) + c\mu(\beta)\} - c_1 \Sigma_2\{\mu_1(\beta) + c\mu_2(\beta)\}],$$

z. B. $\quad \mu(\beta) = \int_0^1 e^{-\beta\zeta}(\zeta^4 - \zeta^8) \delta\zeta,$

$$\mu_1(\beta) = \int_0^1 e^{-\beta\zeta}(\zeta - \zeta^5) \delta\zeta,$$

$$\mu_2(\beta) = \int_0^1 e^{-\beta\zeta}(\zeta^5 - \zeta^9) \delta\zeta.$$

$$R = C\int_{\gamma_0}^{\infty} \{\Sigma_c \cdot f_1(\beta) + c \cdot \mu \cdot \Sigma_c - c_1[\Sigma_2\mu_1 + c\Sigma_2\mu_2]\}^2 f_0(\lambda) d\gamma$$

$$= c\int_{\gamma_0}^{\infty} \{a_0 + a_1 c + a_2 c_1 + a_3 c^2 + a_4 c_1^2 + a_5 c c_1 + a_6 c c_1^2 + a_7 c^2 c_1^2\} f(\lambda) d\gamma$$

hier haben wir $c_1 = \chi(c, \delta)$ zu setzen und nach Substitution $\frac{\partial R}{\partial c} = 0$ zu bilden.

Für das Beispiel ist

$$c_1 = \frac{0{,}7238\left(0{,}8 + c\frac{4}{45}\right) - 0{,}7238(0{,}8)}{\left(\frac{4}{21} - \frac{4c_0}{45}\right)\left(\frac{1}{3} - \frac{c}{15}\right)} = 8{,}62 \frac{c}{5+c},$$

$$-\frac{\partial c_1}{\partial c} = 8{,}62 \cdot \frac{5}{(5+c)^2}$$

MIX
Papier aus verantwortungsvollen Quellen
Paper from responsible sources
FSC® C105338

If you have any concerns about our products,
you can contact us on
ProductSafety@springernature.com

In case Publisher is established outside the EU,
the EU authorized representative is:
**Springer Nature Customer Service Center GmbH
Europaplatz 3, 69115 Heidelberg, Germany**

Printed by Libri Plureos GmbH
in Hamburg, Germany